可见光通信关键技术系列

高速可见光通信
芯片与应用系统

High Speed Visible Light Communication
Chip and Application System

朱义君　　王超　著

U0304603

人 民 邮 电 出 版 社
北 京

图书在版编目（ＣＩＰ）数据

高速可见光通信芯片与应用系统 / 朱义君，王超著
. -- 北京：人民邮电出版社，2019.12（2023.1重印）
（国之重器出版工程·可见光通信关键技术系列）
ISBN 978-7-115-51063-1

Ⅰ. ①高… Ⅱ. ①朱… ②王… Ⅲ. ①光通信系统—集成芯片—研究 Ⅳ. ①TN929.1②TN43

中国版本图书馆CIP数据核字(2019)第060521号

内 容 提 要

　　本书围绕高速可见光通信专用芯片组的设计和研制工作展开，系统地介绍了可见光通信专用芯片组、标准模块与相关应用系统，填补了国际国内还未有高速可见光通信芯片书籍这一空白。本书共分为 7 章，第 1 章介绍了可见光通信发展现状以及高速可见光通信系统的应用需求。第 2～3 章主要阐述了可见光通信芯片原型系统、可见光通信芯片与模块的具体设计和研制工作、专用芯片组包括的光电前端芯片和数字基带芯片、面向典型应用需求研发的多款基于芯片组的标准模块。第 4～7 章，基于所研发的芯片组和标准模块，针对典型应用场景的需求，理论与实践充分结合，详细介绍了室内高速可见光通信系统、信息安全导入系统、拓展距离可见光通信系统以及典型行业应用。

　　本书的主体内容为本团队最新的科研成果，也借鉴和吸纳了国际国内其他科研工作者的学术成果。本书可供信息与通信工程、光学工程、光电材料等领域的科研人员、工程技术人员以及普通高等院校的教师、研究生阅读参考。

◆ 著　　　　　朱义君　王　超
　　责任编辑　　代晓丽
　　责任印制　　杨林杰

◆ 人民邮电出版社出版发行　　北京市丰台区成寿寺路 11 号
　　邮编 100164　电子邮件 315@ptpress.com.cn
　　网址 http://www.ptpress.com.cn
　　固安县铭成印刷有限公司印刷

◆ 开本：720×1000　1/16
　　印张：14　　　　　　　　　　　2019 年 12 月第 1 版
　　字数：259 千字　　　　　　　　2023 年 1 月河北第 2 次印刷

定价：98.00 元

读者服务热线：(010)81055493　印装质量热线：(010)81055316
反盗版热线：(010)81055315

专家委员会委员（按姓氏笔画排列）：

于　全	中国工程院院士
王　越	中国科学院院士、中国工程院院士
王小谟	中国工程院院士
王少萍	"长江学者奖励计划"特聘教授
王建民	清华大学软件学院院长
王哲荣	中国工程院院士
尤肖虎	"长江学者奖励计划"特聘教授
邓玉林	国际宇航科学院院士
邓宗全	中国工程院院士
甘晓华	中国工程院院士
叶培建	人民科学家、中国科学院院士
朱英富	中国工程院院士
朵英贤	中国工程院院士
邬贺铨	中国工程院院士
刘大响	中国工程院院士
刘辛军	"长江学者奖励计划"特聘教授
刘怡昕	中国工程院院士
刘韵洁	中国工程院院士
孙逢春	中国工程院院士
苏东林	中国工程院院士
苏彦庆	"长江学者奖励计划"特聘教授
苏哲子	中国工程院院士
李寿平	国际宇航科学院院士

李伯虎	中国工程院院士
李应红	中国科学院院士
李春明	中国兵器工业集团首席专家
李莹辉	国际宇航科学院院士
李得天	国际宇航科学院院士
李新亚	国家制造强国建设战略咨询委员会委员、中国机械工业联合会副会长
杨绍卿	中国工程院院士
杨德森	中国工程院院士
吴伟仁	中国工程院院士
宋爱国	国家杰出青年科学基金获得者
张 彦	电气电子工程师学会会士、英国工程技术学会会士
张宏科	北京交通大学下一代互联网互联设备国家工程实验室主任
陆 军	中国工程院院士
陆建勋	中国工程院院士
陆燕荪	国家制造强国建设战略咨询委员会委员、原机械工业部副部长
陈 谋	国家杰出青年科学基金获得者
陈一坚	中国工程院院士
陈懋章	中国工程院院士
金东寒	中国工程院院士
周立伟	中国工程院院士

郑纬民　　中国工程院院士

郑建华　　中国科学院院士

屈贤明　　国家制造强国建设战略咨询委员会委员、工业
　　　　　和信息化部智能制造专家咨询委员会副主任

项昌乐　　中国工程院院士

赵沁平　　中国工程院院士

郝　跃　　中国科学院院士

柳百成　　中国工程院院士

段海滨　　"长江学者奖励计划"特聘教授

侯增广　　国家杰出青年科学基金获得者

闻雪友　　中国工程院院士

姜会林　　中国工程院院士

徐德民　　中国工程院院士

唐长红　　中国工程院院士

黄　维　　中国科学院院士

黄卫东　　"长江学者奖励计划"特聘教授

黄先祥　　中国工程院院士

康　锐　　"长江学者奖励计划"特聘教授

董景辰　　工业和信息化部智能制造专家咨询委员会委员

焦宗夏　　"长江学者奖励计划"特聘教授

谭春林　　航天系统开发总师

前　言

　　数千年来，光以不同的形式承载着信息传输的使命。公元前 1000 年，古代中国利用烽火台传输军事信息，多个烽火台还可实现中继通信，更有周幽王"烽火戏诸侯"的历史典故；公元前 800 年前，古埃及和罗马军队利用抛光的盾牌反射太阳光传输信息；1880 年左右，贝尔（Bell）研发了一种基于光媒介的无线电话系统，该系统被认为是第一代光电通信系统。

　　当前，全球照明产业正处于向 LED 绿色照明升级换代的窗口期，而随着绿色照明的兴起，可见光通信（Visible Light Communication，VLC）技术应运而生。VLC将通信与照明有机结合，其工作光谱在 350～770 nm，可以拓展新的频谱资源；依托广泛覆盖的照明灯具、显示屏幕、照相设备等 LED 光源，为解决无线局域网络的"频谱紧张"与"深度覆盖"等问题提供了全新手段。白光 LED 具有功耗低、使用寿命长、尺寸小等优点，基于 LED 的可见光通信系统在实现通信的同时，还能提供照明功能，极大地减少了移动通信系统对电能的损耗，因而是实现绿色节能通信的重要途径之一。而照明作为一种几乎不可或缺的重要需求，始终与人类活动紧密结合；照明网络早已深入每个家庭、办公室、大型公共场所乃至飞机机舱、地下矿井、加油站、医院特殊科室等传统无线通信网络不能覆盖的区域，并且随着人类活动空间的拓展而自然延伸。

　　可见光通信技术作为《时代周刊》评出的 2011 年全球 50 大科技发明之一，可有效带动我国 LED 产业、下一代无线通信产业、物联网产业以及可穿戴设备、移动支付等其他相关产业的发展，符合国家以"创新发展"与"绿色发展"激发改革新动力，着力培育新供给新兴产业，实现产业结构全面优化调整的供给侧改革的主要样式。我国于 2012 年完成 VLC 研究计划的部署与论证工作，并于 2013 年上半年在国家"863"计划和"973"计划中正式部署了 VLC 研究项目，这两个国家级项目均已通过验收。当前，可见光通信技术的发展日新月异，其研究呈现出 3 个显著的特点。

一是单灯传输速率 480 Mbit/s 以下的可见光通信系统技术成熟，应通过规模化的示范应用，加速其工程化、标准化和产业化步伐。

二是面向更高速率（数 Gbit/s～数百 Gbit/s）通信的新需求，需要全面突破 LED器件、探测器、传输技术与组网等一系列关键问题，多管齐下，协同发力。

三是当前 VLC 的标准制定没有统一的组织和规划，需要以标准化为抓手，抢占整个产业链的制高点和话语权。而据《2014 年欧洲可见光通信组织市场调查报告》的保守预测，可见光通信产业 2022 年将超过 2 000 亿美元产值。此前该产业长期受"无超宽带芯片"局面的困扰，缺乏大规模产业化的实施基础。

本着上述原则,顺应国内外可见光通信发展趋势和我国科技创新战略重大需求,本团队以可见光通信专用芯片为突破口，以关键传输技术为基础，以工程化、标准化为奋斗目标，研制成功并发布了全球首款可见光通信专用芯片组（CVLC820A、CVLC820D）。芯片组最高传输速率可达 Gbit/s 量级，全面兼容主流中高速接口协议标准，可为室内及家庭绿色超宽带信息网络、高速无线数据传输、室内泛在定位服务、水下高速无线信息传送、特殊区域移动通信等领域可见光通信应用提供芯片级的产品技术支撑。随着该芯片组的推出以及后续更高性能芯片组的持续研发，可见光通信技术产业将加速市场化推进步伐。特别是在面向超宽带家庭网络为核心的大众市场方面，该芯片组有望大幅提升用户在高速、绿色、泛在、便捷以及"万物互联"的智慧家庭方面的服务体验，同时拉动绿色照明与通信、信息化照明终端、新型电力线材、家庭传感器等上下游相关产业链的快速发展。在物联网、信息安全、工业控制、车联网等诸多行业市场，该芯片可广泛用于相关设备或系统，并能迅速获得新兴技术导入因素带来的比较优势，显著增强市场竞争活力。

本书详细描述了本团队在可见光通信专用芯片组与相关应用系统方面的工作，填补了国际国内还没有系统描述专用芯片、模块以及相应应用系统的书籍这一空白，可以作为相关科研工作者的专业参考书，也可作为高等院校研究生的辅导教材。

芯片研制和本书的撰写出版得到了广东省东莞市、天津市滨海新区、河南省和郑州市以及信息工程大学相关领导、老师及同事们的支持和热情帮助。本书撰写过程中，成立了由朱义君、王超、田忠骏、汪涛、张剑、任嘉伟、曲晶、刘洛琨、梁进山等组成的著作委员会。感谢张东方、张海勇、刘潇忆、徐丽娟、梁旺锋、孙正国、穆昱、肖晔、荣新驰、张雨萌、王小景、高梦、田芳芳、郭晓芳等在书稿撰写过程中给予的无私支持与帮助。

本书由国家自然科学基金面上项目（编号：61271253、61671477）支持出版。

由于成稿时间较短、作者水平有限，书中难免有不妥和错误之处，恳请广大读者予以批评指正，以利于我们今后不断改进与提升。

作 者
2019 年 1 月

目 录

可见光的波长范围为 350～770 nm，频段介于 390～860 THz，因此可见光通信作为一种绿色安全的新型通信手段，受到广泛关注。LED 具有绿色环保、安全可靠、寿命长和电光转换效率高等特点，将成为继白炽灯和荧光灯之后的下一代光源。当前，可见光通信技术和产业发展迅速，突破了一系列传输关键技术，在一些典型环境下开始了试点应用。随着可见光通信芯片的研发成功，将会加快可见光的产业化、规模化应用的步伐。

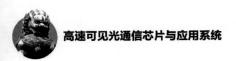

|1.1 可见光通信技术简介 |

人类进入信息时代之后，对信息传输的需求越来越迅猛。移动通信使得人们可以在移动状态下自由地接入移动通信网络，因而得到了广泛的应用和较好的用户体验。然而宽带互联网时代，承载信息的传统无线电频谱资源日趋枯竭，因此，如何利用有限的频谱资源最大限度地提高移动通信的系统容量成为移动通信领域研究的基本目标之一。时至今日，为了提高无线频谱资源的利用率，在移动通信的物理层传输、无线网络规划、媒体接入控制层中的无线资源分配，及通过发展毫米波通信和太赫兹通信等各个层面都有人们不断尝试的身影，但无线频谱资源的紧张仍然未得到有效缓解[1-2]。

19 世纪 70 年代，贝尔（Bell）提出了以光为载体传播信息的通信理念，但当时的技术还远远没有达到实现这一方式的条件。尽管电子技术革命后电子元器件领域迅猛发展，20 世纪 60 年代激光器的出现也终于解决了光源这一束缚光通信发展已久的瓶颈问题，但是可见光通信（Visible Light Communication, VLC）技术仍然没有取得突破性、关键性的进展。近年来随着发光二极管（Light Emitting Diode，LED）固态照明、集成电路等相关技术的不断发展，VLC 技术进入到了快速发展期。一般而言，VLC 技术是指利用 LED 的快速响应特性，将待传输的数据信息经过调制加载到灯源所发出的光载波上进行传播，接收端则通过光敏二极管（Photodiode，PD）

等器件将相应的光信号恢复为原始的电信号输出。1998 年，香港大学提出利用 LED 交通指示灯为车辆传输语音广播信号，开启了可见光通信研究的先河。随后几年间，日本、欧洲、美国等开始致力研发可见光通信技术及其产业化应用，经过十几年的发展，目前已经从实验室逐步向实用化阶段发展，部分应用已经临近产业化[3-21]。

　　在现代社会，照明作为一种几乎不可或缺的重要需求，始终与人类活动紧密结合。照明网络早已深入每个家庭、办公室、大型公共场所乃至飞机机舱、地下矿井、加油站、医院特殊科室等区域，并且随着人类活动空间的拓展而自然延伸。20 世纪末，被誉为"绿色照明"的 LED 照明技术迅猛发展起来，促使 VLC 技术有了决定性的突破。通过 3 种基本的颜色红、绿、蓝构造出的红绿蓝（Red Green Blue，RGB）型 LED 以及另一种磷光伪白色型 LED 具有光照强、效能高和寿命长的特点，最终将替代目前广泛使用的白炽灯和荧光灯，成为下一代的照明光源。可见光通信将通信与照明有机关联起来，借助广泛覆盖的照明网络设施实现"照中通"，使得通信网络的搭建就像"拧灯泡一样容易"，无疑为解决通信"末端接入"和"深度覆盖"问题提供了一种便捷而自然的方式。同时，可见光通信可使 LED 照明设备具备"无线路由器""通信基站""网络接入点"甚至"全球定位系统（Global Position System，GPS）卫星"的功能，可实现从绿色照明向智慧照明的产业再升级。

　　可见光通信是利用 LED 的快速响应特性，将信号调制到 LED 发出的可见光上进行传输，其结构原理如图 1-1 所示。通常而言，VLC 主要利用 LED 发出的高速明暗闪烁信号来传输数据，在灯亮时表示数字信息"1"，灯暗时表示数字信息"0"；接收端用光敏元器件作为光电转换装置，典型的有光电二极管、雪崩二极管（Avalanche Photodiode，APD）、电荷耦合器件（Charge-Coupled Device，CCD）等。

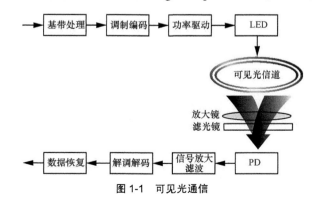

图 1-1　可见光通信

可见光通信的发展有以下两个突出的潜在优势。

① 如图 1-2 所示，可见光的频段介于 428～750 THz，已跳出了传统无线通信方式的工作频段。相比于受到无线频谱管制的无线射频通信方式，基于 LED 的可见光通信不存在频率授权分配问题，不需要申请频段使用执照，而且具有很大的带宽。如果能利用可见光辅助无线通信完成深度覆盖，可以极大缓解无线频谱资源紧张的窘境。

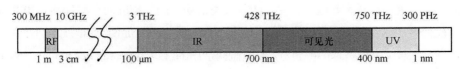

图 1-2　可见光光谱范围

② 可见光通信是一种低成本通信方式，可见光波长较短且前端处理器件成本低廉，因此有利于系统的小型化、低成本设计；LED 作为下一代绿色照明的候选，必将作为照明的基础设施被广泛使用，这解决了一项新技术发展所面临的推广困难这一最大问题。

当前，高速、高密度通信是下一代无线通信的基本特征，传统无线电通信也已开展该方面的研究。如体育场馆举行比赛时，用户需要上网分享精彩视频，同时需要和他人通话，通常会有大量用户接入当地基站网络，这就要求当地的特定基站网络需要在某个时间段处理大量的语音和数据业务，从而造成基站的空口堵塞。直接的结果就是用户通话质量下降、经常掉线，上网浏览速度大幅度降低或者长时间没有响应。传统无线方式解决方法是采用 802.11n 无线局域网技术和 3G/4G 网络技术相结合，但是该方式也面临容量受限等一系列问题。

我国城市高楼众多、人口密集，人口基数大，居住密度高，且人们 80%时间在室内环境活动，相比无线电通信，可见光通信更加适应高密度通信需求。这是由于无线电通信可视为共享信道，而可见光通信可视为独立信道。高铁站和机场、办公室等对室内高密度通信具有明确的应用需求。可见光通信具有的频谱宽、定向快速衰减等特性，使其在高速、高密度通信方面具有独特的应用优势。另外，其具有的宽带高速特性，可以开辟崭新频谱资源，可见光光谱约 300 THz，是在用无线频谱的近 10 000 万倍，在中近距离、高速高密度无线互联领域具有不可替代性。

1.2　可见光通信研究发展现状

1.2.1　基础理论研究现状

在可见光通信发展的初期，我国就捕捉到 VLC 这一战略产业的发展时机，科学技术部在可见光通信技术研究方面设立了两个主要课题：一是 2013 年国家 "863"项目的可见光通信系统关键技术研究，该项目的核心技术指标为单灯传输速率大于 480 Mbit/s，并研发相应的演示系统，该项目已于 2016 年 3 月结题通过验收；二是 2013 年国家 "973"项目的宽光谱信号无线传输理论与方法研究，该项目主要采用宽光谱载波进行无线通信的理论与方法研究，实现了基于普通 RGB 三芯片光源的 500 Mbit/s 实时传输演示系统，距离约 1.5 m。

在可见光通信的基础研究方面，欧盟的家庭吉比特接入计划利用集成可见光通信、无线通信和电力线通信技术构建家庭区域宽带通信网，使得通信速率达到 1 Gbit/s。其正在启动的并行高速可见光通信研究计划的终极目标是利用新型并行结构 LED 和先进的信号编码设计，提升单位面积下的传输速率，未来期望可以达到 $Tbit \cdot s^{-1} \cdot mm^{-2}$。美国提出 "智慧照明"计划，以实现无线设备与 LED 照明设备之间的通信，参与该项目研究的大学约 30 所。同时美国国家科学基金会建立可见光通信研究中心，计划 10 年时间内开发 LED 无线通信智能照明架构。日本在技术研究与应用领域占据优势地位，在基础器件研发、通信关键技术等领域发展迅速。而其中，高速传输技术和室内多用户接入技术是目前的研究热点问题，在这两方面，全球各个可见光通信实验室均取得了丰硕成果。

在可见光通信关键技术不断发展的过程中，高速传输速率的记录也在不断地被突破。不论是在单载波或多载波调制技术上，实现高速传输是所有通信系统的一个共有特点。从目前国内外研发现状以及国内 "863"项目和 "973"项目的研究成果来看，院校学术界追求更高的传输速率以及内在机理性问题研究；而包括日本、欧盟、美国等在内的诸多国家/地区产业界更注重开展 VLC 应用系统与标准化研究，目的是抢占整个产业链的制高点和话语权。在系统速率方面，目前单灯单色 LED 实现的最大实时速率为 1.5 Gbit/s，RGB 多颜色为 3.4 Gbit/s；采用阵列方式时，中国信息工程大学实现了 51.2 Gbit/s 实时速率，英国牛津大学的 O'BRIEN 团队则实现了 100 Gbit/s。

有关高速调制技术的研究主要分为单载波技术和多载波技术两种。日本的庆应义塾大学是最早开展可见光通信研究的单位之一，2006 年和 2007 年，该团队分别采用脉冲位置调制（Pulse Position Modulation, PPM）和脉冲宽度调制（Pulse Width Modulation, PWM）来提升可见光通信系统的传输能力。2012 年，中国台湾的 WU 等通过无载波幅相（Careless Amplitude Phase，CAP）调制技术实现了 1.1 Gbit/s 的实验系统。2014 年，中国复旦大学迟楠教授等采用 RGB LED 作为发光源，利用单载波频域均衡方法实现了 3.75 Gbit/s 的离线处理系统。在多载波方面，2010 年 GRUBER 等以注水算法为准则对正交频分复用（Orthogonal Frequency Division Multiplexing，OFDM）信号的子载波进行了功率分配和比特分配，实现了 513 Mbit/s 的离线通信实验系统。2012 年 KOTTKE 等采用波分复用（Wavelength Division Multiplex，WDM）技术和离散多音（Discrete Multi-Tone，DMT）调制技术，利用商用 RGB-LED 实现了 1.25 Gbit/s 的数据传输。2013 年，COSSU 等将单一灯芯速率和三路复用速率分别刷新到了 1.5 Gbit/s 和 3.4 Gbit/s。由此可见，单一灯芯的传输速率与可见光通信 300 THz 的潜在频谱资源尚有很大差距。究其原因主要在于，商用 LED 的调制带宽较窄，通常在几兆到数十兆赫兹之间。为了提升传输速率，一种可能的途径是采用阵列传输，多灯并行工作。阵列传输是可见光通信得天独厚的优势，为了满足光线亮度的需求，室内照明通常由多个 LED 灯泡共同完成，同时每个 LED 灯泡内部还包含有多个灯芯，也就是说可见光通信系统是一种天然的多输入通信系统。对于单个 LED 灯芯带宽受限的可见光通信系统，多输入多输出（Multiple-input Multiple-output，MIMO）是一种提升传输速率的最为有效的方式。2009 年，英国牛津大学的 O'BRIEN 等采用基于光电二极管阵列的 VLC-MIMO 技术以提高可见光传输速率，并针对 4×4 MIMO 的可见光通信系统进行了实验验证。2010 年，AZHAR 等用 2×9 MIMO-OFDM 通信系统实现了 220 Mbit/s 的可见光通信，通信距离为 1 m。2013 年，AZHAR 等利用 3×9 MIMO-OFDM 系统实现了 1 Gbit/s 的可见光通信，通信距离为 1 m。2014 年，来自英国多所高校的研究者们采用新型氮化镓（GaN）LED 灯芯，结合 MIMO 技术将可见光通信的速率刷新到 10 Gbit/s。2017 年 1 月，中国台湾交通大学采用红绿蓝三色 LED 组成 2×2 MIMO，实现了室内 1～3 m 空间的 6.36 Gbit/s 速率的可见光通信。2017 年 4 月，HASS 教授团队采用 OFDM 蓝色微型 LED 实现了近 10 Gbit/s 速率的可见光通信。2018 年 3 月，中国复旦大学迟楠教授团队采用可见光波分复用技术，实现了单个红绿蓝黄青五色封装 LED 在 1 m 室内自由空间中的 10.72 Gbit/s 数据传输。2018 年 9 月，HASS 教授团队采用商用红绿蓝三色 LED，通过自适应子载波比特加载的 OFDM 和波分复用技术，实现了 10.2 Gbit/s 的数据传输速率[22-49]。典型可见光通信系统传输速率，见表 1-1。

表 1-1　典型可见光通信系统传输速率

序号	日期	研究团队	研究成果
1	2008 年	英国牛津大学	多谐振均衡技术，25 MHz 的 LED 调制带宽，传输速率达到 75 Mbit/s
2	2009 年	德国海因里希–赫兹研究所	OOK 调制，速率 125 Mbit/s，传输距离 5 m
3	2009 年	ELGALA 等	白光 LED 调制带宽达到 50 MHz，速率 100 Mbit/s
4	2011 年	GRUBER 等	RGB-LED 光源，速率 803 Mbit/s
5	2012 年	NOBUHIRO 等	调制带宽达到 150 MHz 以上，速率 614 Mbit/s
6	2012 年	KOTTKE 等	波分复用和离散多音调制，RGB-LED 光源，速率 1.25 Gbit/s
7	2012 年	COSSU 等	速率 2.1 Gbit/s，红色单一灯芯传输速率为 1 Gbit/s
8	2012 年	NOBUHIRO 等	无载波幅相调制，速率 1.1 Gbit/s
9	2013 年	中国台湾交通大学	速率 3.22 Gbit/s，距离 25 cm
10	2013 年	COSSU 等	将单一灯芯速率和三路复用速率分别刷新到 1.5 Gbit/s 和 3.4 Gbit/s
11	2013 年	英国牛津大学	MIMO-OFDM 技术，速率 1 Gbit/s
12	2014 年	中国复旦大学	RGB-LED 光源，采用单载波频域均衡技术实现 3.75 Gbit/s 的离线速率
13	2015 年	中国信息工程大学	128 路 MIMO 阵列技术，51.2 Gbit/s 实时速率，刷新了当时可见光通信的全球最高速率
14	2017 年	中国台湾交通大学	RGB-LED 光源组成 2×2 MIMO，室内 1~3 m 空间的 6.36 Gbit/s 速率
15	2017 年	HASS 教授团队	OFDM 复用蓝色微型 LED，速率近 10 Gbit/s
16	2018 年	中国复旦大学	红绿蓝黄青五色封装 LED，速率 10.72 Gbit/s
17	2018 年	HASS 教授团队	RGB-LED 光源，OFDM 和 WDM，速率 10.2 Gbit/s

室内可见光通信系统是一个典型的多用户多小区的系统，每个 LED 灯可等效为一个光微微小区，因此每个接收终端可能将接收到若干个 LED 灯的信号，进而引起小区间干扰。解决 VLC 多用户通信的一种方法是对所有 LED 灯发送信号进行联合预处理，在照明亮度等需求给定的条件下，通过联合优化以减小多小区干扰。近年来，针对 VLC 下行广播业务，改进后的脏纸编码、迫零（Zero-Forcing，ZF）波速成形等技术已被应用于减小用户间干扰。另一种方法是采用多址技术，传统的频分多址（Frequency Division Multiple Access，FDMA）、时分多址（Time Division Multiple Address, TDMA）、码分多址（Code Division Multiple Address, CDMA）、正交频分多址（Orthogonal-FDMA, OFDMA）技术可以应用于多用户 VLC 系统中，但是频谱效率较低[22-49]。

在可见光通信标准化方面，推动可见光通信标准化组织包括日本电子信息工业协会（Japan Electronics and Information Technology Industries Association，JEITA）、可见光通信联盟以及美国电气和电子工程师协会（Institute of Electrical and Electronic Engineers，IEEE）。韩国的三星电子是 VLC 技术 IEEE 标准的推动者，主持了 IEEE 802.15 WPAN Task Group 7（TG7）可见光通信标准的制定工作。2008 年，该组织推出可见光通信协议 IEEE 802.15.7，给出 VLC 的 3 种应用场景：可见光局域网（Visible Local Area Network，VLAN）、信息广播和对等通信（Peer to Peer ，P2P）。我国工业和信息化部相关单位也已开展了可见光通信标准化项目的研究工作，并于 2016 年发布了《中国可见光通信标准化白皮书》。

1.2.2　应用系统发展现状

早在 2012 年，我国信息领域著名专家邬江兴院士就指出，可见光通信这项新兴绿色信息技术与 LED 绿色照明、第五代（5G）移动通信、室内信息网络、无人驾驶车辆、家庭机器人、水下信息网络、广告新媒体等诸多新兴重要产业以及电力、线材等传统重大产业紧密关联，拉动的产业链长，关联市场容量巨大，是一种抓手级战略性新兴产业，预期可形成万亿元年产值的市场规模。可见光通信最大的应用就是提供短距离无缆化信息交互以及绿色通信，并很可能成为家庭吉比特级信息网络的核心技术以及 5G 移动通信网络室内深度覆盖最有力的互补技术。本小节将简要介绍高速可见光通信技术在室内绿色信息网络、泛在三维定位系统、泛在信息服务网络、敏感区域安全通信、单向安全传输等方面的应用。

（1）室内绿色信息网络

绿色照明模式为每家每户节省电费，照明的同时可以高速传输信息，全世界约有 300 亿室内照明设备，140 亿室外照明设备，这些都是潜在的可见光网络高速接入点。可见光通信依托深度覆盖的照明网络，构建高速兼容、绿色低碳、健康安全的新型室内信息网络，同时可以激活电力线通信产业，拉动照材、线材等下游产业。

由于无线保真（Wireless Fidelity，Wi-Fi）技术频谱资源有限，在高速、高密度环境下采用竞争式的全分布信道接入方式，Wi-Fi 的速率受接入用户数量的影响严重，特别是当用户数量超过某一门限值时，会出现网络性能的急剧下降。高速、高密度环境下，利用可见光通信带宽高、空间分集性好的特性，可成倍提高单个用户的无线接入能力，具有良好的行业应用前景。

（2）泛在三维定位系统

现代社会人群 80% 的活动发生在室内环境，而随着城市化进程加速，巨大建筑物、地下停车场等室内定位需求日益迫切，利用可见光通信研制开发的可见光车场定位系统等需求将日益增大，使得人类生活更为方便快捷。由于可见光的波长比无线电磁波更短，理论上测距精度可达毫米量级。GPS 已经有效解决了室外定位问题，依靠建筑物内的照明设施，借助 VLC 技术可实现大型建筑物内的精确定位、导航服务。而与室外定位技术结合，可构成室内、外深度覆盖的无缝定位服务系统。室内定位方案可应用于医院、养老院、矿井、写字楼、工厂、监狱等场所，提供人员、资产的追踪管理解决方案及数据分析服务，以确保人员和资产安全，定位并解决运营效率瓶颈，应用前景十分广泛。

（3）泛在信息服务网络

构建基于 LED 信息球泡的泛在信息服务网络，实现博物馆讲解、超市导购、智能交通管控等功能。可见光新型广告系统就是基于个性化信息服务的广播系统，可以应用于博物馆讲解、超市导购，缓解了传统无线频带拥挤、服务体验不佳等难题。VLC 还可以用于交通管制，或者广播天气、新闻等公益信息，汽车装有 LED 头灯、LED 尾灯，可以据此交换路况信息，防止或者减少意外发生；交通信号灯也可以与汽车通信。在机舱中有数以百计的灯泡，每个灯泡都可以作为无线传输的潜在节点，届时在路途中仍可以享受优质的通信资源。此外，装设在世界各地、数不胜数的路灯，每个路灯都可以作为一个免费的信息中转站。

（4）敏感区域安全通信

区别于 Wi-Fi 等具有辐射的传统无线方式，可见光的传输媒介是完全无害的，可谓绿色环保。可见光通信可为医院、机舱、矿井、加油站、油料库等电磁敏感区域无线通信需求提供有效解决方案。LED 可见光通信让我们多了一种无线技术的选择，让我们能在不希望或不可能使用无线电传输网络的场合如飞机、医院、矿井里发挥它的作用。

（5）可见光通信单向安全传输

计算机和网络技术的高速发展，使网络的互联互通成为不可逆转的趋势，同时也对计算机内部数据的安全防护提出了更高的要求。为了确保内部敏感信息和内部数据的安全，重要机构建立不同保密级别的计算机网络来实现物理隔离。但在实际工作中，处于高密级网络的工作人员经常需要从低密级网络中获取各类信息资源。如何安全可靠地实现不同密级网络之间的信息交换，是网络空间信息交流亟须解决的重要问题。可见光单向传输充分利用可见光通信的单向、高速特性，可以在物理隔离的条件下安全可靠地实现不同密级网络之间的信息交换，相比现有的网闸系统，在安全性和传输速率方面具有明显优势。

（6）其他新型应用领域

在虚拟现实、信息台灯、现实增强、隐式广告、智能交通等应用领域具有潜在价值。光互联是相对于电互联而最近发展起来的新一代的连接技术，光互联是指在板间、芯片间、芯片与板之间等用光的形式互联。电互联传输带宽小、时延大、高速信号之间串扰大、功耗大等缺点，已经成为其进一步发展的巨大障碍。光互联作为一种新的互联方式，具有极高的通信带宽，极小的功耗，能够很好地解决电互联发展受限的问题。光互联最先可能的应用，是并行多处理器计算机之间的高速数据传输、开关和一些传感器的互联，但是目前达到的速率还有待提高，没有完全发挥出光互联的优势。结合可见光通信与台灯发展起来的信息台灯技术，也是通信与照明完美结合的成果。传统电视广告费用高且不易被观众接受，采用可见光通信，广告隐藏在电视画面中不间断播出，观众主动选择感兴趣内容。在智能交通领域，利用汽车 LED 的前后灯以及泛在覆盖的 LED 路灯和交通信号灯，可以实现行驶中的车辆间、车辆与路灯、车辆与交通灯的实时通信与信息交换，可有效支撑智能交通的实现。

在产业化应用推广方面，日本、韩国、美国、法国等国家的研究机构在全球 50

余家超市布设了室内可见光定位与导航导购系统；英国爱丁堡大学研制的医疗机构用 Li-Fi 设备已实现量产；基于该大学研制的可见光通信收发模块，爱沙尼亚的一家公司正在进行室内上网示范应用推广。2013 年 10 月，英国爱丁堡大学的哈斯教授创立的 Pure Li-Fi（原名为 Pure VLC）公司向美国一家医疗机构售出第一套 Li-Fi 设备，价值 5 000 欧元，这场交易标志着 Li-Fi 的实用商业价值被正式认可。Pure Li-Fi 公司的网络首席运营官 Harald Burchardt 表示他们公司在 Li-Fi 模块开发上取得了一系列突破，已经开发出不同速率和功能下的 Li-Fi1 和 Li-Fi2 两代系列模块。Pure Li-Fi 公司所展示的这款产品是一个 U 盘形状的适配器，上面有用于接受光线信号以及红外线的镜头式装置，而展台上方则有兼容 Li-Fi 的 LED 灯和发射器。

在我国，深圳光启公司推出了光子支付系统，北京全电智领公司推出了基于可见光定位的博物馆展览讲解系统，信息工程大学研制的可见光单向实时在线摆渡设备已经量产，其他科研院所等也已经陆续瞄准诸多应用。未来，基于可见光通信及其衍生的技术带来的产业化应用，将会给人们生活带来更多的改变和惊喜。在中国可见光通信技术研发过程中，处于行业上游的芯片研究也是相关单位的重点研发方向。国内相关研究单位于 2018 年 8 月发布了全球首款商品级超宽带可见光通信芯片组（CVLC820A、CVLC820D），标志着我国可见光通信产业迈入自主知识产权超宽带核心芯片时代，跨越了大规模产业化和市场化进程中最难迈过的门槛，将极大促进全球可见光通信技术和产业生态环境的发展。该芯片组最高传输速率可达 Gbit/s 量级，全面兼容主流中高速接口协议标准，可为室内及家庭绿色超宽带信息网络、高速无线数据传输、室内泛在定位服务、水下高速无线信息传送、特殊区域移动通信等领域可见光通信应用提供芯片级的产品技术支撑。

1.3 本书组织结构

可见光通信技术和产业化研究已经如火如荼展开，但是目前还没有针对高速可见光通信专用芯片、模块以及应用的书籍，本书填补了这一空白。本书简要介绍了可见光高速无线通信需求，提出了我们设计的可见光通信专用芯片、基于芯片的专用标准模块，描述了基于芯片和模块的室内高速应用、信息安全导入系统、拓展距离传输应用以及相应的行业应用等。本书各章节主要内容如下。

第 1 章绪论。主要介绍可见光通信及其发展现状、潜在应用和研究动态分析以及主要工作和组织结构。

第 2 章可见光通信芯片原型系统。本章重点介绍 1 Gbit/s 的可见光通信芯片原型的设计方案，包括发送端数字基带芯片原型和接收端光电前端芯片原型。

第 3 章可见光通信芯片与模块。本章介绍了全球首款可见光通信专用芯片组，该芯片组包括光电前端芯片和数字基带芯片（CVLC820A、CVLC820D），并且介绍了基于专用芯片组的评估板和标准模块。

第 4 章室内高速可见光通信系统。本章主要介绍可见光芯片在室内高速通信系统的相关应用，利用可见光通信的安全、可靠、高速、绿色等特点，拓展其在智慧家庭、办公网络、高速高密度接入等典型场景下的应用。

第 5 章高速可见光信息安全导入系统。本章将深入分析基于专用芯片的高速可见光信息安全导入系统的工作原理与关键技术，并介绍根据不同应用场景及环境衍生出一系列的可见光单向安全传输设备。

第 6 章拓展距离可见光通信系统。本章主要开展基于可见光通信的拓展传输距离研究。结合高速传输技术，利用高灵敏度的光电探测器件，可以在弱光或者远距离等条件下，在水下和室外环境实现拓展距离可见光传输。

第 7 章可见光通信典型行业应用。本章主要开展基于可见光通信的典型行业应用研究。重点对短距离互联系统、安全支付系统、位置服务系统、无缆化通信系统和井下巷道综合信息服务系统等进行研究。

本书主要章节逻辑关系，如图 1-3 所示。

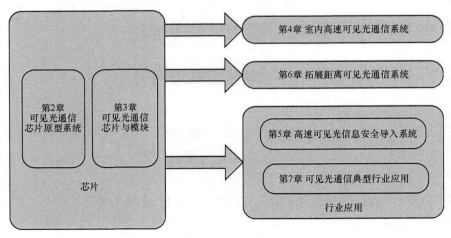

图 1-3　本书各章逻辑关系

|1.4　小结 |

可见光通信与 LED 绿色照明的融合,将大幅度提高可见光通信技术的核心竞争力。而可见光通信的发展也必将推进可见光绿色通信技术与诸多新兴产业以及传统产业的深度结合,带动产业的发展。其不仅仅是影响照明行业或通信行业本身发展的重要因素,未来还将成为升级传统产业,催生新兴产业,带来创新商业模式,繁荣服务行业,促进绿色文明社会发展的抓手级战略新兴产业。

本章为绪论,主要介绍了可见光通信技术的研究意义、发展现状以及主要工作的组织架构,对本书主要工作和组织架构以及各章研究内容的内在联系进行了阐述。

| 参考文献 |

[1] 朱加荣, 张振伟, 吴兆根, 等. 频谱资源的战略地位与稀缺性[J]. 中国无线电, 2015, (1): 16-17.

[2] 王雪松. 未来移动通信关键技术研究[D]. 北京: 北京邮电大学, 2011.

[3] 丁德强, 柯熙政. 可见光通信及其关键技术研究[J]. 半导体光电, 2006, 27(2): 114-117.

[4] 刘让龙. 可见光通信中的室内定位技术研究[D]. 北京: 北京邮电大学, 2013.

[5] 何胜阳. 室内可见光通信系统关键技术研究[D]. 哈尔滨: 哈尔滨工业大学, 2013.

[6] 魏承功. 基于白光 LED 的室内可见光通信系统研究[D]. 长春: 长春理工大学, 2008.

[7] 骆宏图, 陈长缨, 傅倩, 等. 白光 LED 室内可见光通信的关键技术[J]. 光通信技术, 2011, 2: 56-59.

[8] 陈治平, 梁忠诚, 马正北, 等. 基于二维码的可见光并行通信系统信号调制技术[J]. 中国激光, 2012, 39: 16-18.

[9] TANAKA Y, KOMINE T, HARUYAMA S, et al. Indoor visible communication utilizing plural white EDs as lighting[C]//12th IEEE International Symposium on Personal, Indoor and Mobile Radio Communications, September 30-October 3, 2001, San Diego. Piscataway: IEEE Press, 2001, 2: 81-85.

[10] ZHANG Y Y, YU H Y, ZHANG J K, et al. Signal-cooperative multilayer-modulated VLC systems for automotive applications[J]. IEEE Photonics Journal, 2016, 8(1): 1-9.

[11] NAKAMURA S. Present performance of InGaN based blue/green/yellow LEDs[J]. SPIE

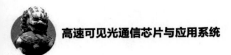
Proceedings, 1997, 3002: 26-35.

[12] GHASSEMLOOY Z, ARNNON S, UYSAL M, et al. Emerging optical wireless communications advances and challenges[J]. IEEE Journal on Selected Areas in Communications, 2015, 33(9): 1738-1749.

[13] ZHU Y J, SUN Z G, ZHANG J K, et al. A fast blind detection algorithm for outdoor visible light communications[J]. IEEE Photonics Journal, 2015, 7(6): 7904808.

[14] BURCHARDT H, SERAFIMOVSKI N, TSONEV D, et al. VLC: Beyond point-to-point communication[J]. IEEE Communications Magazine, 2014, 52(7): 98-105.

[15] ROUTRAY S K. The changing trends of optical communication[J]. IEEE Potentials, 2014, 33(1): 28-33.

[16] 朱环宇, 朱义君. 基于可见光通信的隐式信息服务系统[J]. 光学学报, 2015, (9): 108-113.

[17] HRANILOVIC S, KSCHISCHANG F R. Optical intensity-modulated direct detection channels: Signal space and lattice codes[J]. IEEE Transactions on Information Theory, 2003, 49(6): 1385-1399.

[18] HARA T, IWASAKI S, YENDOA T, et al. New receiving system of visible light communication for ITS[C]// the 2007 IEEE Intelligent Vehicles Symposium, June 13-15, 2007, Istanbul. Piscataway: IEEE Press, 2007.

[19] QUINTANA C, GUERRA V, RUFO J. et al. Reading lamp-based visible light communication system for in-flight entertainment[J]. IEEE Transaction on Consumer Electronics, 2013, 59(1): 31-37.

[20] 陈然. 室内照明通信系统的数学建模及其仿真[D]. 南京: 南京邮电大学, 2013.

[21] 王宇. 室外远距离可见光通信系统设计与实现[D]. 西安: 西安电子科技大学, 2014.

[22] MINH H L, O'BRIEN D, FAULKNER G, et al. High-Speed Visible Light Communications Using Multiple-Resonant Equalization[J]. IEEE Photonics Technology Letters, 2008, 20(15): 1243-1245.

[23] ELGALA H, MESLEH R. Indoor broadcasting via white LEDs and OFDM[J]. IEEE Transactions on Consumer Electronics, 2009, 55(3): 1127-1134.

[24] MINH H L, O'BRIEN D, FAULKNER G, et al. 100-Mbit/s NRZ visible light communications using a post equalized white LED[J]. IEEE Photonics Technology Letters, 2009, 21(15): 1063-1065.

[25] VUCIC J, KOTTKE C, NERRETER S, et al. 125 Mbit/s over 5 m wireless distance by use of OOK-modulated phosphorescent white LEDs[C]//2009 35th European Conference on Optical Communication, September 20-24, 2009, Vienna. Piscataway: IEEE Press, 2009.

[26] VUCIC J, KOTTKE C, NERRETER S, et al. 513 Mbit/s visible light communications link based on DMT-modulation of a white LED[J]. IEEE Journal of Lightwave Technology, 2010, 28(24): 0733-8724.

[27] VUCIC J, KOTTKE C, HABEL K, et al. 803 Mbit/s visible light WDM link based on DMT

modulation of a single RGB LED luminary[C]// the Optical Fiber Communication Conference and Exposition, March 6-10, 2011, Los Angeles. Piscataway: IEEE Press, 2011: 1-3.

[28] SAFARI M, UYSAL M. Do we really need OSTBCs for free-space optical communication with direct detection?[J]. IEEE Transactions Wireless Communication, 2008, 7(11): 4445-4448.

[29] MESLEH R, HASS H, ANH C W, et al. Spatial modulation-a new low complexity spectral efficiency enhancing technique[C]// the First International Conference on Communications and Networking in China, Oct. 25-27, 2006, Beijing. Piscataway: IEEE Press, 2006.

[30] WU F M, LIN C T, WEI C C, et al. 1.1 Gbit/s white-LED-based visible light communication employing carrier-less amplitude and phase modulation[J]. IEEE Photonics Technology Letters, 2012, 24(19): 1730-1732.

[31] WU F M, LIN C T, WEI C C, et al. 3.22 Gbit/s WDM visible light communication of a single RGB LED employing carrier-less amplitude and phase modulation[C]//2013 Optical Fiber Communication Conference and Exposition and National Fiber Optic Engineers Conference (OFC/NFOEC), March 17-21, 2013, Anaheim. Piscataway: IEEE Press, 2013.

[32] COSSU G, KHALID A M, CHOUDHURY P, et al. 3.4 Gbit/s visible optical wireless transmission based on RGB LED[J]. Optics Express, 2012, 20(26): B501-B506.

[33] ZHU Y J, LIANG W F, ZHANG J K. Space-collaborative constellation designs for MIMO indoor visible light communications[J]. IEEE Photonics Technology Letters, 2015, 27(15): 1667-1670.

[34] CAI H B, ZAHNG J, ZHU Y J. Optimal constellation design for indoor 2×2 MIMO visible light communications[J]. IEEE Communications Letters, 2016, 20(2): 264-267.

[35] ZAHNG D F, ZHU Y J, ZAHNG Y Y. Multi-LED phase-shifted OOK modulation based visible light communication systems[J]. IEEE Photonics Technology Letters, 2015, 25(23): 2251-2254.

[36] ZHU Y J, WANG W Y, XIN G. Faster-Than-Nyquist signal design for multiuser multicell indoor visible light communications[J]. IEEE Photonics Journal, 2016, 8(1): 7902012.

[37] LI B L, WANG J H, ZHANG R, et al. Multiuser MISO transceiver design for indoor downlink visible light communication under per-LED optical power constraints[J]. IEEE Photonics Journal, 2015, 7 (4): 7201415.

[38] JEGANATHAN J, GHRAYEB A, SZCZECINSKI L. Spatial modulation: optimal detection and performance analysis[J]. IEEE Communications Letters, 2008, 12(8): 545-547.

[39] SERAFIMOVSKI N, YOUNIS A, MESLEH R, et al. Practical implementation of spatial modulation[J]. IEEE Transactions on Vehicular Technology, 2013, 62(9): 4511-4523.

[40] JEGANATHAN J, GHRAYEB A, SZCZECINSKI L. Generalized space shift keying modulation for MIMO channels[C]//the IEEE International Symposium on Personal, Indoor and Mobile Radio Communications(PIMRC), September 15-18, 2008, Cannes. Piscataway: IEEE Press, 2008.

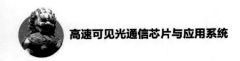
[41] FU J, HOU C, XIANG W, et al. Generalized spatial modulation with multiple active transmit antennas[C]//the IEEE Globecom Workshop on Broadband Wireless Access, December 6-10, 2010, Miami. Piscataway: IEEE Press, 2010: 839-844.

[42] YOUNIS A, SERAFIMOVSKI N, MESLEH R, et al. Generalized spatial modulation[C]// the Conference Record of the Forty Fourth Asilomar Conference on Signals, Systems and Computers (ASILOMAR), November 7-10, 2010, Pacific Grove. Piscataway: IEEE Press, 2010: 1498-1502.

[43] IWASAKI S, WADA M, ENDO T, et al. Basic experiments on paralle wireless optical communication for ITS[C]// the 2007 IEEE Intelligent Vehicles Symposium, June 13-15, 2007, Istanbul. Piscataway: IEEE Press, 2007: 321-326.

[44] 中国可见光通信重大突破传输速度可达 50 Gbit/s[EB].

[45] 无需光纤 100 Gbit/s 可见光通信试验终成功[EB].

[46] ZHU X, WANG F, SHI M, et al. 10.72 Gbit/s visible light communication system based on single packaged RGBYC LED utilizing QAM-DMT modulation with hardware pre-equalization[C]//Optical Fiber Communication Conference, March 11-15, 2018, San Diego. Piscataway: IEEE Press, 2018.

[47] BIAN R, TAVAKKOLNIA I, HAAS H. 10.2 Gbit/s visible light communication with off-the-shelf LEDs[C]// European Conference on Optical Communication, September 23-27, 2018, Rome. Piscataway: IEEE Press, 2018.

[48] ISLIM M S, FERREIRA R X, HE X, et al. Towards 10 Gbit/s orthogonal frequency division multiplexing-based visible light communication using a GaN violet micro-LED[J]. Photonics Research, 2017, 5: A35-A43.

[49] LU I, LAI C, YEH C, et al. An aggregate data rate of 6.36 Gbit/s of RGB 2×2 MIMO VLC system is demonstrated for the proof-of-concept[C]//Optical Fiber Communications Conference and Exhibition (OFC), March 21-23, 2017, Los Angeles. Piscataway: IEEE Press, 2017.

第 2 章

可见光通信芯片原型系统

可见光通信技术将通信与照明有机结合，涉及 LED 照明、无线和移动通信、物联网、大规模数据平台和处理等产业群，具有广阔的市场前景。2013 年上半年，在国家 "863" 计划和 "973" 计划中，先后正式部署了可见光通信研究项目，目前单灯传输速率 480 Mbit/s 以下的可见光通信系统技术已经成熟。因此，可见光通信的产业化发展已经进入了 "技术齐备，产业亟须" 的产品级发展时间窗，亟须可见光通信芯片作为产业发展的基础，推广产业化应用。

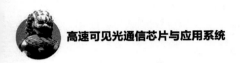
| 2.1 引言 |

可见光通信技术将通信与照明有机结合，拓展了通信频谱资源，其产业发展可为室内绿色高速信息网络、信息安全、高速数传系统、室外拓展距离通信、水下高速无线信息网络、特殊区域移动通信等领域带来新的经济增长点[1-12]。2014 年，河南省郑州市政府投入 2 000 万元设立可见光通信重大科技专项，该专项由信息工程大学承担。2017 年天津市政府也制定了发展集成电路产业专项规划，包括开展与可见光通信相关的高速芯片的研发与应用等项目。2016 年 3 月，河南省科技厅批准成立河南省可见光通信重点实验室，并依托 2016 年 4 月国务院批复的"郑洛新国家级高新区建设国家自主创新示范区"建设给予扶持。2018 年重庆市政府拟建设 3 万户智慧家庭应用示范。目前整个可见光通信发展已趋于成熟，整个市场正逐步加快向产业化迈进。

2013 年上半年，国家"863"计划和"973"计划正式部署了可见光通信研究项目。在国家"863"项目的可见光通信系统关键技术研究中，实现了单灯传输速率大于 480 Mbit/s 的可见光通信系统，并研发相应的演示系统；在国家"973"项目的宽光谱信号无线传输理论与方法研究中，实现了基于普通红绿蓝三芯片光源的 500 Mbit/s 实时传输演示系统。随着可见光通信技术的研究发展，在系统速率方面，目前基于单灯单色 LED 的可见光通信系统最大实时速率可达 1.5 Gbit/s[13-32]，基于

RGB 三色的可见光通信系统最大实时速率可达 3.4 Gbit/s[33-44]。

通过对可见光通信产业化应用需求以及可见光通信技术发展现状的总结分析可以发现，可见光通信的产业化发展已经进入了"技术齐备，产业亟须"的产品级发展时间窗，开展可见光通信芯片研制的背景及条件已经齐备。

此外，作为可见光通信的主要应用场所，当前室内绿色高速信息网络应用对于传输速率的要求主要集中在吉比特以下。结合工程实现的简易性，我们将可见光通信芯片的研制分为两个阶段。在第一阶段，考虑当前吉比特以下的应用需求，以工程实现简易为基础，拟定可见光通信芯片的传输速率指标为 1 Gbit/s，数据接口为吉比特以太网接口；在第二阶段，随着可见光通信技术的发展，以及人们对网络带宽需求的日渐增长，将传输速率指标提升至 5 Gbit/s，为更加高速的可见光通信应用提供芯片支撑。

阶段一：1 Gbit/s 可见光通信芯片。在单灯传输速率 480 Mbit/s 以下的可见光通信系统技术成熟的背景下，采用工程易实现的通断键控（On-Off Keying，OOK）调试技术，通过多输入多输出技术实现 1 Gbit/s 芯片带宽，用以支持常用的吉比特以太网接口。也支持单输入单输出（Single-input Single-output，SISO）模式，向下兼容低速可见光通信应用。

阶段二：5 Gbit/s 可见光通信芯片。在单灯传输速率可以达到 1.25 Gbit/s 的可见光通信技术发展背景下，将芯片单灯通道最高传输速率提升至 1.25 Gbit/s；支持红绿蓝黄（Red Green Blue Yellow，RGBY）四色 MIMO 与 SISO 切换；最高带宽 5 Gbit/s，支持通用串行总线（Universal Serial Bus，USB）3.0 数据接口。

1 Gbit/s 可见光通信芯片的研制可以作为 5 Gbit/s 可见光通信芯片研发的技术基础。根据以上介绍的可见光通信技术研究进展分析，阶段一的 1 Gbit/s 可见光通信芯片具备成熟的技术支撑和充足的应用需求，本书也将重点介绍该芯片的相关设计。在本章，将重点介绍 1 Gbit/s 可见光通信芯片原型的设计。

| 2.2　可见光通信芯片工作原理及设计目标 |

根据第一阶段对可见光通信芯片设想，1 Gbit/s 可见光通信芯片需要完成吉比特以太网数据的可见光传输功能，即吉比特以太网信号与可见光信号之间的相互转换。下面以吉比特以太网可见光通信系统为基础，阐明可见光通信芯片的工作原理及功能组成。

图 2-1 所示为吉比特以太网可见光通信系统的功能组成。该系统工作原理为（以一个方向吉比特以太网数据的可见光通信传输为例）：在发射端，一路吉比特以太网数据经过吉比特媒体无关接口（Gigabit Medium Independent Interface，GMII）转换成四路符合可见光通信物理层帧格式的数据帧，经过里所（Reed-Solomon，RS）编码、线路编码（8B10B 编码/曼彻斯特（Manchester）编码）、并串转换后，再经过放大、预均衡、添加直流偏置等，调制到 LED/激光二极管（Laser Diode，LD）上，发出可见光信号。

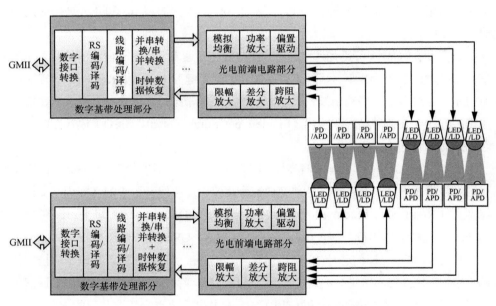

图 2-1　吉比特以太网可见光通信系统功能组成

在接收端，光电二极管/雪崩光电二极管将光信号转换为电信号的形式，经过 4 路跨阻放大、差分放大、限幅放大等单元，再经过时钟数据恢复（Clock and Data Recovery，CDR）、串并转换、同步、线路译码、RS 译码等单元，合并成吉比特以太网信号传送至 GMII 接口。反向链路通信流程与以上相同。

在不同的可见光通信应用场景下，传输距离以及传输速率的需求不同，需要采用与需求匹配的电光转换器件（LED/LD）以及光电转换器件（PD/APD）。为了使可见光通信芯片能够适配多种电光/光电转换器件、支持多种应用场景，在可见光通信芯片设计时，将电光/光电转换器件以及预均衡与增加直流偏置部分置于可见光通信芯片之外，与可见光通信芯片相配合，共同完成吉比特以太网数据的可见光传输功能。

除了电光/光电转换之外，该吉比特以太网可见光通信系统的功能组成可分为数字基带处理部分与光电前端电路部分。在可见光通信芯片设计时，将两部分功能分别赋予数字基带芯片与光电前端芯片，两者相互配合，组成可见光通信芯片组。其中，数字基带芯片主要完成数字接口、信道编码/译码、线路编码/译码、同步等功能；光电前端芯片完成发送端多级增益放大，接收端的跨阻放大、差分放大、限幅放大等功能。由此，将 1 Gbit/s 可见光通信芯片的设计目标归纳如下。

数字基带芯片设计目标如下。

① 业务接口：GMII 接口，支持吉比特以太网物理层（Physical Layer，PHY）协议，支持 10/100/1 000 Mbit/s 以太网标准，支持以太网报文长度 64～1 500 字节。

② 传输速率：对应 SISO/4×4 MIMO，支持 120/400/1 000 Mbit/s 速率切换。

③ 线路编码：8B10B/曼彻斯特编码。

④ 信道编码：RS 编码。

光电前端芯片设计目标如下。

① 发射端（TX）/接收端（RX）传输带宽：0～260 MHz。

② TX/RX 带内波动：小于 1 dB。

③ TX 端输入信号幅度：1～3.3 V。

④ TX 端单端输入阻抗：50 Ω。

⑤ TX 端输出电压：2.5～4 V 可调。

⑥ TX 端输出电流：150 mA。

⑦ RX 单端输入电流：8 μA 及以上。

⑧ RX 差分输出电压：700 mV。

⑨ RX 差分输出阻抗：100 Ω。

⑩ RX 跨阻增益：80 kΩ 以上。

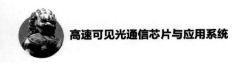

| 2.3 可见光通信芯片原型设计实现 |

2.3.1 可见光通信芯片原型系统结构

可见光通信芯片原型系统结构及实物分别如图 2-2、图 2-3 所示。该原型系统包括数字基带芯片原型验证平台与光电前端芯片原型验证平台,两者相互配合,实现吉比特以太网数据的可见光传输。其中,数字基带芯片原型验证平台采用赛灵思公司现场可编程门阵列(Field Programmable Gate Array,FPGA)芯片 (XC7A200T)作为核心芯片,外接以太网 PHY 芯片(RTL8211),通过 RJ45 接口与 PC 或交换机相连。光电前端芯片原型验证平台采用分立原件搭设,分为发送、接收两种类型,分别外接 LED、PD 实现电–光–电转换。

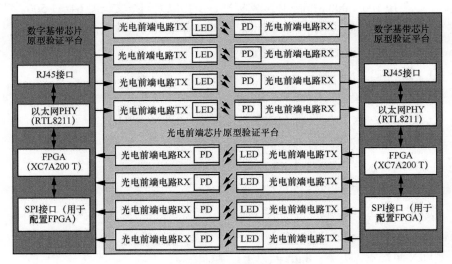

图 2-2 可见光通信芯片原型系统结构

2.3.2 数字基带芯片原型设计实现

1. 数字基带芯片原型内部结构

数字基带芯片原型核心功能包括吉比特媒体访问控制器(Gigabit Media Access

Controller，GMAC）、TX/RX 数据接口、RS 编码/解码、同步/解同步、8B10B/曼彻斯特编码/解码、串行/并行转换、同步、数据时钟恢复、功能状态指示和配置寄存器，以及访问原型寄存器的串行外设接口（Serial Peripheral Interface，SPI）部分。在数字基带芯片原型核心功能的基础上，该原型还包括 PRBS 分组发送器与检查器、误码/时延插入等调试验证功能。数字基带芯片原型内部结构，如图 2-4 所示。

图 2-3　可见光通信芯片原型系统实物

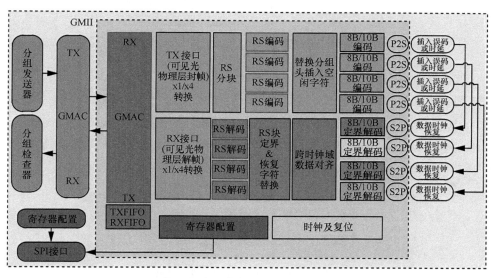

图 2-4　数字基带芯片原型内部结构

2．数字基带芯片原型功能仿真

本节主要列举数字基带芯片原型发射端和接收端的数据接口信号仿真时序，并以此说明数字基带芯片原型内部的功能模块的实现情况与接口协议。

图 2-5 所示为数字基带芯片原型 TX 部分数据接口时序（4×4 MIMO 模式），其中，GMAC_Application_Interface 的信号组为 GMAC 模块 RX 端的输出信号；

TX_Interface_Output 是 TX 数据接口模块的输出信号，该模块作用为可见光物理层封帧；RS_Encoder_Output 为 RS 编码模块的输出信号；Insert_Key_Word_Output 为插入用于同步和对齐等关键字的模块信号输出；8B10B_Encoder_Output 为 8B10B 编码模块的输出结果。

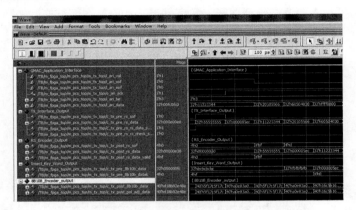

图 2-5　数字基带芯片原型 TX 部分数据接口时序

图 2-6 所示为数字基带芯片原型 RX 部分数据接口时序（4×4 MIMO 模式），其中，Input_Parallel_Signal 为接收端串并转换模块的输出信号，8B10B_Decoder_Output 为 8B10B 译码模块的输出信号，Deskew_Output 为统一 4 组信号时钟模块的输出信号，Synchronization_Output 为同步模块的输出信号，RS_Decoder_Output 为 RS 译码模块的输出信号，GMAC_Application_Interface 的信号组为 GMAC 模块 TX 端的输入信号。

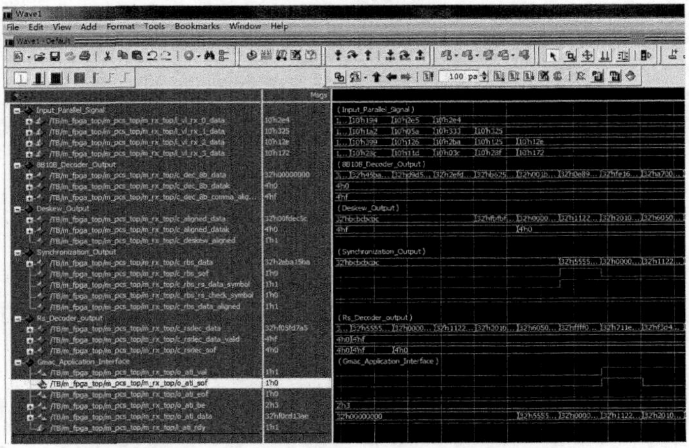

图 2-6　数字基带芯片原型 RX 部分数据接口时序

2.3.3 光电前端芯片原型设计实现

1. 光电前端芯片原型内部结构

如图 2-7 所示，光电前端芯片原型分为发送端与接收端两个部分。

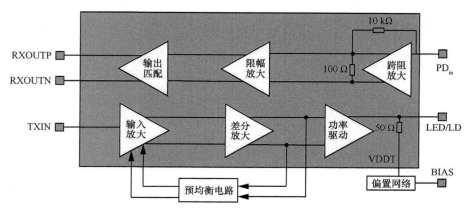

图 2-7 光电前端芯片原型内部结构

发射端：对输入信号进行输入放大、差分放大、预均衡、添加偏置，驱动 LED 发出光信号。其中，预均衡电路与偏置网络至于光电前端芯片设计之外，配合光电前端芯片发射部分完成可见光信号调制。

接收端：将外部 PD 输出的电流信号转换为电压信号，并跨阻放大、限幅放大，驱动后续电路。

2. 光电前端芯片原型发射端电路功能仿真

本节主要列举发射端的核心器件：输入放大器与差分放大器的仿真实现结果。通过仿真可以看出，发射端的输入放大器与差分放大器均满足传输带宽为 5～280 MHz 的光电芯片带宽指标。

图 2-8 所示为针对三种工艺模型（TT: Typical-Typical, SS: Slow-Slow, FF: Fast-Fast），在不同增益配置情况下，发射端输入放大器反射波与入射波的比值（S11）曲线仿真结果。从仿真结果可以看出，在任何增益设置的情况下，匹配 50 Ω 阻抗时，S11 均小于−10 dB。

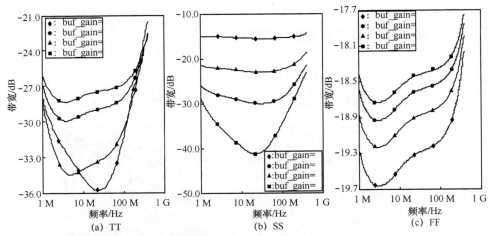

注：图例中 4 种情况表示由小到大随机取值时的状态。

图 2-8　发射端输入放大器 S11 曲线

图 2-9 所示为针对三种工艺模型，在不同增益配置情况下，发射端差分放大器输出/输入信号比（S21）曲线仿真结果。从仿真结果可以看出，该放大器的高频拐角在三种工艺模型下分别为：TT: 550 M，SS: 420 MHz，FF: 600 MHz。低频拐角分别为：TT：700 K，SS：500 KHz，FF：1 MHz。带内波动均小于 1 dB。

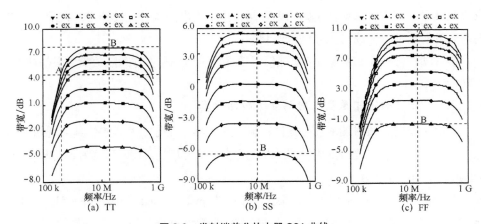

图 2-9　发射端差分放大器 S21 曲线

3.　光电前端芯片原型接收端电路功能仿真

本节主要列举接收端的核心器件：跨阻放大器（Trans-Impedance Amplifier，TIA）与限幅放大器（Limit-Amplitude Amplifier，LIA）的仿真实现结果。通过仿真可以看出，接收端的 TIA 与 LIA 均满足传输带宽为 5～280 MHz 的光电芯片带宽指标。

图 2-10～图 2-12 所示为在三种工艺模型下，输入信号幅度为 8 μApp 时 TIA 的传输响应曲线。该 TIA 设计在三种模型下达到的性能指标如下。

① TT：跨阻增益为 70.6 dB，带宽为 420 MHz。

② FF：跨阻增益为 72 dB，带宽为 490 MHz。

③ SS：跨阻增益为 69.6 dB，带宽为 358 MHz。

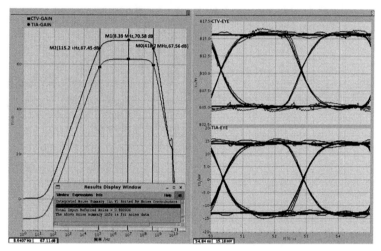

图 2-10　TT 工艺模型下，TIA 传输响应

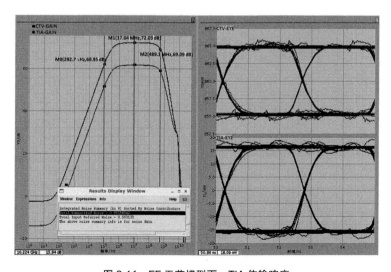

图 2-11　FF 工艺模型下，TIA 传输响应

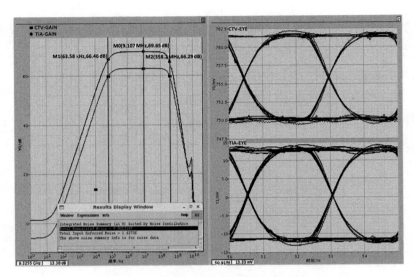

图 2-12 SS 工艺模型下，TIA 传输响应

图 2-13～图 2-15 所示为三种工艺模型下，LIA 的传输响应曲线。该 LIA 设计在三种模型下达到的性能指标如下。

① TT：增益约为 42.4 dB，带宽 686 MHz，400 Mbit/s。

② FF：增益约为 46.5 dB，带宽 691 MHz，400 Mbit/s。

③ SS：增益约为 35.1 dB，带宽 635 MHz，400 Mbit/s。

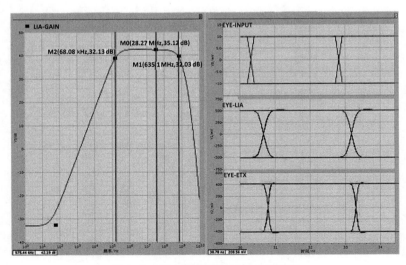

图 2-13 TT 工艺模型下，LIA 传输响应

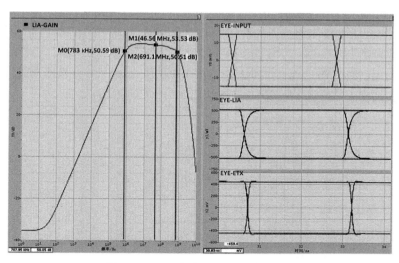

图 2-14　FF 工艺模型下，LIA 传输响应

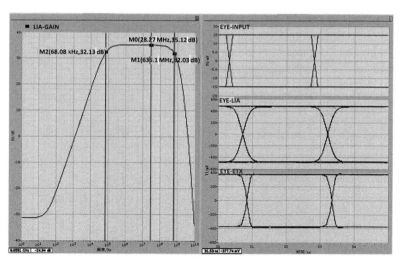

图 2-15　SS 工艺模型下，LIA 传输响应

2.3.4　光电前端预均衡网络设计实现

由于 LED 芯片呈现低通特性，典型 3 dB 调制带宽为数十 MHz 到百 MHz，需要通过均衡扩展带宽。中国科学院半导体所陈雄斌团队与复旦大学迟楠团队分别提出采用有源均衡与无源均衡提升可见光通信系统的传输带宽[13-16]。其中，有源均

衡采用三极管及外围无源器件组成均衡网络。其优点是驱动能力强、调整范围广、典型电路如图 2-16 所示。无源均衡采用无源元件搭建均衡网络，通过调整无源元件参数大小，改变网络的幅频响应曲线，匹配 LED 特性。其优点是便于仿真设计，可多级衔接、适用于高频，典型的单极无源均衡电路如图 2-17 所示。

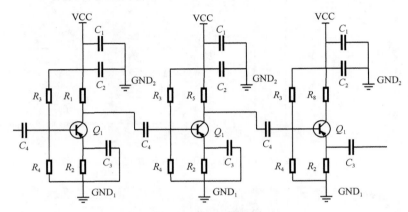

图 2-16　有源均衡电路

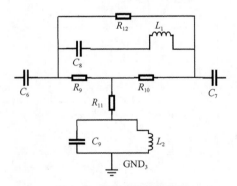

图 2-17　单极无源均衡电路

　　均衡电路设计的难点在于，不同颜色 LED 的响应不同，需要调整电路参数。针对蓝、红、黄、青、绿 5 种颜色 LED，应分别设计模拟均衡电路。不同 LED 均衡前后带宽对比，见表 2-1。表 2-1 的测试条件为：各色 LED 发光功率 1.2 W 左右，测试仪器为 AV3672B 矢量网络分析仪。从表 2-1 中可知，针对各色 LED，采用模拟均衡后的电–光–电响应带宽（–3dB）均可达到 260 MHz。因此，如果采用不少于四色 LED 合成白光，总等效电–光–电带宽即可达到 1 GHz。

表 2-1　不同 LED 均衡前后带宽对比

LED 型号	厂商	衬底	均衡网络	原始带宽	均衡后带宽
蓝光	中国科学院半导体所	SiC	无源均衡	35 MHz	280 MHz
NH-Z3535RGBW	国星光电	Si	无源均衡	29 MHz	260 MHz
T6 红光	CREE	SiC	无源均衡	25 MHz	260 MHz
Lxml 青	南昌大学	Si	无源均衡	20 MHz	260 MHz
Lxml 绿	南昌大学	Si	无源均衡	20 MHz	260 MHz
Lxml 蓝	南昌大学	Si	无源均衡	26 MHz	260 MHz
Lxml 黄	南昌大学	Si	无源均衡	12 MHz	260 MHz
红外 L7560	HAMAMATSU	蓝宝石	无源均衡	40 MHz	300 MHz
zc-lv-1853 白光	明普照明	蓝宝石	无源均衡	10 MHz	200 MHz
zc-lv-1853 白光	明普照明	蓝宝石	有源均衡	10 MHz	200 MHz
EE221-3W 白	深圳光脉	蓝宝石	有源均衡	15 MHz	200 MHz

2.4　可见光通信芯片原型测试验证

2.4.1　测试内容

可见光通信芯片原型测试内容包括在不同的工作模式下，对吞吐量、时延、稳定性、链路中断恢复功能 4 个指标的测试，见表 2-2。

表 2-2　可见光通信芯片原型测试内容

序号	测试指标	单位
1	吞吐量	Mbit/s
2	时延	μs
3	稳定性	N/A
4	链路中断恢复功能	N/A

2.4.2　测试条件及仪器

表 2-3 和表 2-4 分别列举了可见光通信芯片原型测试环境及测试仪器。

表 2-3 可见光通信芯片原型测试环境

测试指标	参数范围
温度	24.1~25.2℃
湿度	43.1%~44.3%
大气压力	101.0~101.2 kPa

表 2-4 可见光通信芯片原型测试仪器

仪表名称	型号	生产厂家	出厂编号
网络性能分析仪	TestCenter	Spirent 公司	E12290279

2.4.3 测试结果

经过测试，可见光通信芯片原型系统满足下列指标。

① 吞吐量结果，见表 2-5。

表 2-5 可见光通信芯片原型系统吞吐量

原型系统工作模式选择			不同帧长情况下的系统吞吐量	
400/120	1x/4x	8B10B/曼彻斯特	帧长/字节	吞吐量/(Mbit·s⁻¹)
400	4x	8B10B	64	95.119
			128	194.054
			256	389.203
			512	778.196
			1 024	777.778
			1 280	973.077
			1 518	983.141
400	4x	曼彻斯特	64	48.452
			128	94.730
			256	193.913
			512	389.098
			1 024	389.042
			1 280	484.769
			1 518	574.463

（续表）

原型系统工作模式选择			不同帧长情况下的系统吞吐量	
400/120	1x/4x	8B10B/曼彻斯特	帧长/字节	吞吐量/(Mbit·s⁻¹)
400	1x	8B10B	64	95.119
			128	194.054
			256	190.362
			512	256.466
			1 024	257.625
			1 280	277.462
			1 518	285.689
400	1x	曼彻斯特	64	48.333
			128	95.608
			256	96.015
			512	126.692
			1 024	129.119
			1 280	136.539
			1 518	143.809
120	4x	8B10B	64	29.048
			128	57.297
			256	115.580
			512	231.579
			1 024	232.567
			1 280	292.308
			1 518	345.063
120	4x	曼彻斯特	64	14.048
			128	28.108
			256	56.232
			512	116.541
			1 024	115.326
			1 280	143.462
			1 518	171.568

（续表）

原型系统工作模式选择			不同帧长情况下的系统吞吐量	
400/120	1x/4x	8B10B/曼彻斯特	帧长/字节	吞吐量/(Mbit·s⁻¹)
400/120	1x	8B10B	64	29.048
			128	57.297
			256	56.232
			512	77.293
			1 024	76.016
			1 280	81.846
			1 518	84.820
120	1x	曼彻斯特	64	14.048
			128	28.108
			256	27.536
			512	36.692
			1 024	37.395
			1 280	40.308
			1 518	43.182

② 时延结果，见表 2-6。

表 2-6　可见光通信芯片原型系统时延

原型系统工作模式选择			帧长/字节	最小时延/μs	平均时延/μs	最大时延/μs
400/120	1x/4x	8B10B/曼彻斯特				
400	4x	8B10B	64	9.95	10.044	10.14
			1 518	31.18	31.176	31.37
400	4x	曼彻斯特	64	18.27	18.444	18.62
			1 518	49.1	49.276	49.45
400	1x	8B10B	64	10.95	11.034	11.12
			1 518	62.19	62.279	62.37
400	1x	曼彻斯特	64	20.29	20.462	20.63
			1 518	111.15	111.319	111.49
120	4x	8B10B	64	29.49	29.768	30.05
			1 518	73.12	73.4	73.68
120	4x	曼彻斯特	64	57.33	57.846	58.36
			1 518	132.96	133.479	134

（续表）

原型系统工作模式选择			帧长/字节	最小时延/μs	平均时延/μs	最大时延/μs
400/120	1x/4x	8B10B/曼彻斯特				
120	1x	8B10B	64	32.82	33.103	33.39
			1 518	176.49	176.778	177.07
120	1x	曼彻斯特	64	63.98	64.562	65.14
			1518	339.7	340.281	340.86

③ 12 小时稳定性测试结果，见表 2-7。

表 2-7　可见光通信芯片原型系统稳定性

测试时长/h	分组丢失率
12	无分组丢失

④ 链路中断恢复功能结果，见表 2-8。

表 2-8　可见光通信芯片原型系统链路中断恢复功能

链路遮挡情况	链路是否恢复
遮挡	是

| 2.5　小结 |

根据可见光通信产业化发展的应用需求，在单灯传输速率 480 Mbit/s 以下的可见光通信系统技术成熟的技术背景下，可见光通信芯片的研制迫在眉睫。本章重点介绍了可见光通信芯片的设计思路以及可见光通信芯片组原型的设计目标、工作原理、组成部分以及验证平台和测试结果。该原型设计完成了第一阶段可见光通信芯片设计目标，为可见光通信芯片设计奠定了坚实的原型基础。

| 参考文献 |

[1] O'BRIEN D C, ZENG L, MINH H L, et al. Visible light communications: challenges and possibilities[C]//IEEE 19th International Symposium on Personal, Indoor and Mobile Radio

Communications (PIMRC), September 15-18, 2008, Cannes, Piscataway: IEEE Press, 2008: 1-5.

[2] QUINTANA C, GUERRA V, RUFO J, et al. Reading lamp-based visible light communication system for in-flight entertainment[J]. IEEE Transaction on Consumer Electronics, 2013, 59(1): 31-37.

[3] KOMINE T, NAKAGAWA M. Fundamental analysis for visible-light communication system using LED lights[J]. IEEE Transactions on Consumer Electronics, 2004, 50(1): 100-107.

[4] GRUBOR J, RANDEL S, LANGER K D, et al. Bandwidth-efficient indoor optical wireless communications with white light-emitting diodes[C]//the 6th International Symposium on Communication Systems, Networks and Digital Signal Processing (CNSDSP), July 25, 2008, Graz. Piscataway: IEEE Press, 2008: 165-169.

[5] JOVICIC A, LI L, RICHARDSON T. Visible light communication: opportunities, challenges and the path to market[J]. IEEE Communications Magazine, 2013, 51 (12): 26-32.

[6] LEE K, PARK H, BARRY J R. Indoor channel characteristics for visible light communications[J]. IEEE Communication Letter, 2011, 15(2): 217-219.

[7] 胡国永, 陈长缨, 陈振强. 白光 LED 照明光源用作室内无线通信研究[J]. 光通信技术, 2006, 30(7): 46-48.

[8] 张建昆, 杨宇, 陈弘达. 室内可见光通信调制方法分析[J]. 中国激光, 2011, 38(4): 137-140.

[9] 杨宇, 刘博, 张建昆. 一种基于大功率LED照明灯的可见光通信系统[J]. 光电子激光, 2011, 22(6): 803-807.

[10] 丁德强, 柯熙政. 可见光通信及其关键技术研究[J]. 半导体光电, 2006, 27(2): 114-117.

[11] 谭家杰. 室内 LED 可见光 MIMO 通信研究[D]. 武汉：华中科技大学, 2011.

[12] 陈特. 可见光通信的研究[J]. 中兴通讯技术, 2013, 19(1): 49-52.

[13] LI H, CHEN X, GUO J, et al. A 550 Mbit/s real-time visible light communication system based on phosphorescent white light LED for practical high-speed low-complexity application[J]. Opt. Express, 2014, 22(22): 27203-27213.

[14] WANG Y, WANG Y, CHI N, et al. Demonstration of 575-Mbit/s downlink and 225-Mbit/s uplink bi-directional SCM-WDM visible light communication using RGB LED and phosphor-based LED[J]. Optics Express, 2013, 21(1): 1203-1208.

[15] CHI N, WANG Y, WANG Y, et al. Ultra-high-speed single red-green-blue light-emitting diode-based visible light communication system utilizing advanced modulation formats[J]. Chinese Optics Letters, 2014, 12(1): 22-25.

[16] HUANG X, SHI J, LI J, et al. 750 Mbit/s visible light communications employing 64QAM-OFDM based on amplitude equalization circuit[C]//Optical Fiber Communication Conference, March 22-26, 2015, Los Angeles. Piscataway: IEEE Press, 2015: Tu2G. 1.

[17] MINH H L, O'BRIEN D, FAULKNER G, et al. High-speed visible light communications using multiple-resonant equalization[J]. IEEE Photonics Technology Letters, 2008, 20(15): 1243-1245.

[18] MINH H L, O'BRIEN D, FAULKNER G, et al. 100-Mbit/s NRZ visible light communications using a post equalized white LED[J]. IEEE Photonics Technology Letters, 2009, 21(15): 1063-1065.

[19] VUCIC J, KOTTKE C, NERRETER S, et al. 125 Mbit/s over 5 m wireless distance by use of OOK-modulated phosphorescent white LEDs[C]//ECOC, September 20-24, 2009, Vienna. Piscataway: IEEE Press, 2009.

[20] FUJIMOTO N, MOCHIZUKI H. 614 Mbit/s OOK-based transmission by the duobinary technique using a single commercially available visible LED for high-speed visible light communications[C]//the 38th European Conference and Exhibition on Optical Communications (ECOC), September 16-20, 2012, Amsterdam. Piscataway: IEEE Press, 2012: 1-3.

[21] COSSU G, KHALID A M, CHOUDHURY P, et al. 2.1 Gbit/s visible optical wireless transmission[C]//38th European Conference and Exhibition on Optical Communications (ECOC), September 16-20, 2012, Amsterdam. Piscataway: IEEE Press, 2012.

[22] HUANG X, WANG Z, SHI J, et al. 1.6 Gbit/s phosphorescent white LED based VLC transmission using a cascaded pre-equalization circuit and a differential outputs PIN receiver[J]. Optics Express, 2015, 23(17): 22034-22042.

[23] HUANG X, CHEN S, WANG Z, et al. 2.0 Gbit/s visible light link based on adaptive bit allocation OFDM of a single phosphorescent white LED[J]. IEEE Photonics Journal, 2015, 7(5): 1-8.

[24] Li-Fi via LED light bulb data speed breakthrough[EB].

[25] 中国可见光通信重大突破传输速度可达 50 Gbit/s[EB].

[26] 无需光纤 100 Gbit/s 可见光通信试验终成功[EB].

[27] ZENG L B, O'BRIEN D, MINH H L, et al. High data rate multiple input multiple output (MIMO) optical wireless communications using white LED lighting[J]. IEEE Journal on Selected Areas in Communications, 2009, 27(9): 1654-1662.

[28] HOSSEINI K, YU W, ADVE R S. Large-scale MIMO versus network MIMO for multicell interference mitigation[J]. IEEE Journal of Selected Topics in Signal Processing, 2014, 8(5): 930-941.

[29] WANG Y, HUANG X, ZHANG J, et al. Enhanced performance of visible light communication employing 512-QAM N-SC-FDE and DD-LMS[J]. Optics Express, 2014, 22(13): 15328-15334.

[30] YEH C H, CHOW C W, CHEN H Y, et al. Adaptive 84.44～190 Mbit/s phosphor-LED wireless communication utilizing no blue filter at practical transmission distance[J]. Optics Express, 2014, 22(8): 9783-9788.

[31] YEH C H, CHOW C W, LIU Y L, et al. Investigation of no analogue-equalization and blue filter for 185 Mbit/s phosphor-LED wireless communication[J]. Optical and Quantum Electronics, 2015, 47(7): 1991-1997.

[32] KHALID A M, COSSU G, CORSINI R, et al. 1 Gbit/s transmission over a phosphorescent

white LED by using rate-adaptive discrete multitone modulation[J]. IEEE Photonics Journal, 2012, 4(5): 1465-1473.

[33] COSSU G, KHALID A M, CHOUDHURY P, et al. 3.4 Gbit/s visible optical wireless transmission based on RGB LED[J]. Optics Express, 2012, 20(26): B501-B506.

[34] WANG Y, WANG Y, CHI N, et al. Demonstration of 575-Mbit/s downlink and 225 Mbit/s uplink bi-directional SCM-WDM visible light communication using RGB LED and phosphor-based LED[J]. Optics Express, 2013, 21(1): 1203-1208.

[35] CHI N, WANG Y Q, WANG Y G, et al. Ultra-high-speed single red-green-blue light-emitting diode-based visible light communication system utilizing advanced modulation formats[J]. Chinese Optics Letters, 2014, 12(1): 010605.

[36] MINH H L, O'BRIEN D, FAULKNER G, et al. A 1.25 Gbit/s indoor cellular optical wireless communications demonstrator[J]. IEEE Photonics Technology Letters, 2010, 22(21): 1598-1600.

[37] ZHANG S, WATSON S, MCKENDRY J J D, et al. 1.5 Gbit/s multichannel visible light communications using CMOS-controlled GaN-based LEDs[J]. Journal of Lightwave Technology, 2013, 31(8): 1211-1216.

[38] TSONEV D, CHUN Y, RAJBHANDARI S, et al. A 3 Gbit/s single-LED OFDM-based wireless VLC link using a gallium nitride μLED[J]. IEEE Photonics Technology Letters, 2014, 16(7): 637-640.

[39] YEW J, DISSANAYAKE S D, ARMSTRONG J. Performance of an experimental optical DAC used in a visible light communication system[C]//2013 IEEE Globecom Workshops, December 9-13, 2013, Atlanta. Piscataway: IEEE Press, 2013.

[40] FATH T, HELLER C, HAAS H. Optical wireless transmitter employing discrete power level stepping[J]. Journal of Lightwave Technology, 2013, 31 (11): 1734-1743.

[41] ELGALA H, MESLEH R, HAAS H. Modeling for predistortion of LEDs in optical wireless transmission using OFDM[C]//the IEEE 10th International Conferences on Hybrid Intelligent Systems (HIS), August 23-25, 2009, Atlanta. Piscataway: IEEE Press, 2009: 12-14.

[42] ZHANG D F, ZHU Y J, ZHANG Y Y. Multi-LED phase-shifted OOK modulation based visible light communication systems[J]. IEEE Photonics Technology Letters, 2013, 25(23): 2251-2254.

[43] COSSU G, WAJAHAT A, CORSINI R, et al. 5.6 Gbit/s downlink and 1.5 Gbit/s uplink optical wireless trans-mission at indoor distance (1.5 m)[C]//2014 The European Conference on Optical Communication (ECOC), September 21-25, 2014, Cannes. Piscataway: IEEE, 2014: 1-3.

[44] CHUN H, MANOUSIADIS P, RAJBHANDARI S, et al. Visible light communication using a blue GaN LED and fluorescent polymer color converter[J]. IEEE Photonics Technology Letters, 2014, 26(20): 2035-2038.

第 3 章

可见光通信芯片与模块

可见光通信芯片是可见光通信技术与产业化应用的衔接点。基于可见光通信芯片组原型设计，在 2018 年 8 月 23 日于重庆举办的中国国际智能产业博览会上，全球首款可见光通信芯片组（CVLC820A、CVLC820D）面向全世界发布。该芯片的发布标志着可见光通信产业化迈上新台阶。本章将介绍可见光通信芯片组，并在此基础上，介绍更加靠近产业化应用的可见光通信评估板及可见光通信模块。

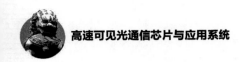

| 3.1 引言 |

可见光通信技术最近几年的发展受到了全世界的广泛关注。基于该技术的通信系统传输速率最高纪录不断被打破,可见光通信系统已经从兆比特量级跨越到吉比特量级[1-42]。随着可见光通信技术的不断升级,其产业化应用的时机日趋成熟。在此背景下,可见光通信技术的发展与产业化应用同时亟须可见光通信芯片的支撑。

2018 年 8 月,在重庆举办的中国国际智能产业博览会上,信息工程大学(国家数字交换系统工程技术研究中心)、东莞信大融合创新研究院、天津市滨海新区信息技术创新中心联合发布全球首款商品级超宽带可见光通信芯片组(CVLC820A、CVLC820D),标志着我国可见光通信产业迈入自主知识产权超宽带核心芯片时代,跨越了大规模产业化和市场化进程中最难迈过的门槛,将极大促进全球可见光通信技术和产业生态环境的发展。这是我国继信息工程大学 2015 年创造 50 Gbit/s 可见光通信速率世界纪录之后,在该领域工程化应用方面又取得的一项全球领先的产业技术成果。此次发布的芯片组由光电前端芯片和数字基带芯片组成,分别得到广东省东莞市政府、天津市滨海新区政府和河南省政府及郑州市政府的立项支持,由信息工程大学(国家数字交换系统工程技术研究中心)可见光通信技术团队与东莞信大融合创新研究院、天津市滨海新区信息技术创新中心和重庆高新技术产业开发区相关企业联合研发完成。

　　该芯片组可为室内绿色高速信息网络、信息安全、高速数传系统、室外拓展距离通信、水下高速无线信息网络、特殊区域移动通信等可见光通信技术应用领域提供芯片应用支持，这标志着可见光通信的产业化进程步入了以芯片为基础的发展新阶段。

　　该可见光通信芯片组可实现吉比特以太网的可见光传输，分为光电前端芯片（CVLC820A）与数字基带芯片（CVLC820D）两款（图 3-1）。其中，数字基带芯片主要完成数字接口、信道编码/译码、线路编码/译码、同步等功能；光电前端芯片完成发送端的放大（增益可选），接收端的跨阻放大、差分放大、限幅放大等功能。两款芯片的核心技术指标见表 3-1、表 3-2。

图 3-1　光电前端芯片（左）和数字基带芯片（右）的商标

表 3-1　光电前端芯片核心技术指标

参数	指标
单芯片通道数目	2 发送通道，2 接收通道
芯片通道扩展性	可扩展，数量不限
每通道通信速率	10～1 250 Mbit/s
发送通道支持光源	LED/LD
发送每通道输出电流	≤150 mA
发送每通道输出电压	≤5 V，可配置
发送每通道工作带宽	100 kHz～650 MHz
发送每通道增益	−8～3 dB
接收每通道灵敏度	8 μA
接收每通道跨阻增益	8 kΩ
接收每通道输出电平	CML
封装	QFN-48，7 mm×7 mm
工作温度	−20～85℃

表 3-2　数字基带芯片核心技术指标

参数	指标
芯片通道数目	4 发送通道，4 接收通道
芯片工作通道数目	单通道，四通道复用
芯片通道扩展性	不可扩展
每通道工作速率	120 Mbit/s，400 Mbit/s
发送通道接口电平	4 通道 LVTTL
接收通道接口电平	4 通道 LVDS
接收通道时钟恢复	内置 CDR
信道编码	RS 码
线路编码	8B10B/曼彻斯特
芯片数字接口	10/100/1 000 Mbit/s 以太网，GMII 接口
封装	QFN-64，8 mm×8 mm
工作温度	−20～85℃

　　为了更好地衔接可见光通信技术的应用，降低可见光通信芯片的应用门槛，本章还将介绍可见光通信芯片评估板与可见光通信模块的相关设计。其中，可见光通信芯片评估板可为评估可见光通信芯片性能、可见光光源、可见光接收器件、数字接口等功能提供评估支持。针对不同的可见光通信芯片应用场景，将其划分为近距离吉比特透传/单向传输、中距离百兆传输、远距离兆级传输、塑料光纤入户共 4 种应用需求，分别设计了 4 种可见光通信模块，为可见光通信芯片的实际应用提供了更低的技术门槛。

| 3.2　数字基带芯片 |

3.2.1　概述

　　CVLC820D 芯片是一款低功耗、高集成度的高速可见光传输基带处理器芯片，可支持吉比特以太网数据的可见光传输。具有如下的特性。

- 4 通道可见光收发器，每通道数据传输率 400 Mbit/s 或者 120 Mbit/s。
- GMII 网络接口，支持吉比特以太网 PHY，支持 10/100/1 000 Mbit/s 以太网标准。
- 支持 8B10B 编码和曼彻斯特编码方式。

- 支持以太网报文长度 64～1 500 Byte。
- 内置 CDR，接收 4 路光接口的输入信号 120 Mbit/s 或者 400 Mbit/s。
- 内置 4 路低压晶体管–晶体管逻辑（Low-Voltage Transistor-Transistor Logic，LVTTL）发送模块。
- 内置 4 路低压差分信号（Low-Voltage Differential Signaling，LVDS）接收模块。
- 内置 SPI，可以通过 SPI 接口对芯片内部寄存器进行配置。
- 内置锁相环（Phase Locking Loop，PLL）模块，除产生 CDR 所需时钟外，还可以产生 125 MHz 时钟支持数字处理单元使用。
- 内置内建自测试（Built-in Self Test，BIST）生成器，用来产生伪随机序列（Pseudo-Random Binary Sequence，PRBS），支持 PRBS 7/15/23/31。
- 内置 BIST 检查器，用来检测 PRBS，支持 PRBS 7/15/23/31。
- 内置各种统计计数模块，用于芯片运行状态检测和调试。
- 3.3 V IO 电压，0.9 V 内核电压供电。
- TSMC40G 工艺生产，支持–20～85℃工作温度。

在发送端，芯片通过 GMII 接口从外置 PHY 芯片接收以太网数据，进行数据编帧处理后，可分为 1 路或 4 路，分别进行 RS 编码、8B10B 编码、并串转换等处理后，通过 LVTTL 发送模块发送到芯片外。

在接收端，芯片接收 4 路光接口的输入信号（4 路数据速率必须一致，可以为 120 Mbit/s 或者 400 Mbit/s），并进行时钟数据恢复（两个模式可选：数字 CDR/模拟 CDR），进行 8B10B 译码、帧对齐、RS 译码、还原 GMII 协议数据帧等处理后，通过 GMII 接口送给外置 PHY 芯片处理。

芯片内置 GPIO，可用来作为 REFCLK 输入，POR 输入以及 PHY GMII 接口相关输入输出。

内置差分输出模块（CML），可用来输出差分信号（BIST 产生），用于环回到 RX CDR，进行自测。可以内环（片内直接给 RX CDR），也可以外环（通过连线连接到 RX 输入端端口）。芯片内部结构，如图 3-2 所示。

3.2.2　管脚排布和管脚描述

管脚排布，如图 3-3 所示。管脚列表，见表 3-3。

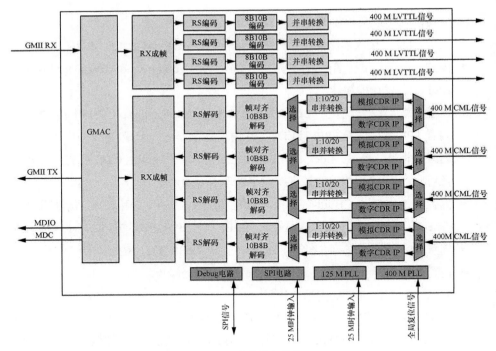

图 3-2 芯片内部结构

图 3-3 管脚排布

表 3-3　管脚列表

编号	名称	I/O	描述
模拟 IO，0.9 V 域			
51	ATS	O	内部模拟信号测试端口
53	TXDM	O	高速发送信号，测试使用，最高 400 Mbit/s
54	TXDP	O	高速发送信号，测试使用，最高 400 Mbit/s
67/64/61/58	RXDP_x	I	Lane x 高速接收信号，x=0,1,2,3，最高 400 Mbit/s
66/63/60/57	RXDM_x	I	Lane x 高速接收信号，x=0,1,2,3，最高 400 Mbit/s
数字 IO，3.3 V 域			
1	COL	I	GMII 控制与状态信号，与 RXCLK 同步
2	TXER	O	GMII 控制与状态信号，与 RXCLK 同步
4	TXEN	O	GMII 控制与状态信号，与 TXCLK 同步
5/6/7/8/10/11/12/13	TXD[7:0]	O	GMII 传输至 PHY 的数据，与 TXCLK 同步
14	TXCLK	O	GMII 输出至 PHY 的时钟，最高 125 MHz
18	RXER	I	GMII 控制与状态信号，与 RXCLK 同步
19	RXDV	I	GMII 控制与状态信号，与 RXCLK 同步
20	RXCLK	I	来自 PHY 的 GMII 接收端时钟，最高 125 MHz
21/22/23/24/25/26/27/28	RXD[7:0]	I	来自 PHY 的 GMII 接收端数据，与 RXCLK 同步
32	CLK_TEST	O	测试时钟
33	MDC	O	与 PHY 芯片之间的串口时钟，最高 10 MHz
34	MDIO	I/O	与 PHY 芯片之间的串口数据
36/37/39/40	TXDx	O	LVTTL 输出高速信号，x=0,1,2,3，最高 400 Mbit/s
44	POR	I	上电复位，高电平复位
45	SPI_DI	I	SPI 数据输入
46	SPI_DO	O	SPI 数据输出
48	SPI_EN	I	SPI 使能
49	SPI_CK	I	SPI 时钟 10 MHz
50	REFCLK	I	10 MHz CMOS 参考时钟输入，从 IO 直接给，不需数字处理
电源与地			
55/59/62/65	AVDD	IO	模拟电压 0.9 V
68	AVDDH	IO	模拟高压 3.3 V
3/9/15/31/35/38/41/47	VDDH	IO	数字 IO 电压 3.3 V
16/17/29/30/42/43	DVDD	IO	数字内核电压 0.9 V

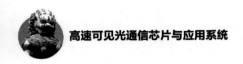
3.2.3　芯片的工作环境特性

表 3-4 为芯片的工作环境特性。

表 3-4　芯片的工作环境特性

符号	参数	最小值	最大值	单位
VDD	数字 3.3 V IO 工作电压	3.0	3.65	V
VCCINT	数字 0.9 V 内核电压	0.85	0.95	V
AVDD	模拟 0.9 V 内核电压	0.85	0.95	V
AVDDH	模拟 3.3 V IO 电压	3.0	3.6	V

3.2.4　上电顺序和上电时序说明

上电顺序和上电时序说明，如图 3-4 所示。

① 上电时，AVDDH 必须晚于 AVDD/DVDD 上电，AVDD 和 DVDD 可以同时上电/下电；AVDDH 必须早于 AVDD/DVDD 下电，AVDD 和 DVDD 可以同时下电。

② POR 释放必须在 REFCLK 稳定后才能释放。

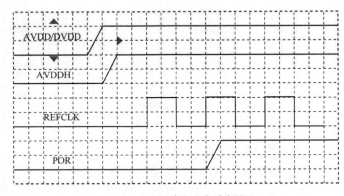

图 3-4　上电顺序和上电时序说明

3.2.5　封装

图 3-5 所示为芯片封装参数。

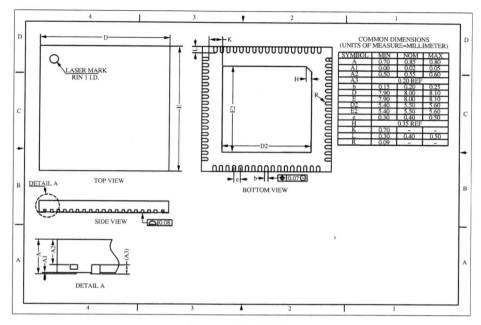

图 3-5　芯片封装参数

| 3.3　光电前端芯片 |

3.3.1　概述

CVLC820A 是一款低功耗、高度集成的可见光通信专用芯片，包括两个接收通道（RXA 通道和 RXB 通道）和两个发射通道（TXA 通道和 TXB 通道），具有高接收灵敏度特性，其最小输入电流可达 8 μA，本芯片可通过内置集成电路（Inter-Integrated Circuit，I^2C）接口编程实现不同模式的操作。芯片内部结构，如图 3-6 所示。其具有如下的特性。

- 最高通道速率 400 Mbit/s。
- 典型 TIA 直流增益 3 600 Ω、LIA 增益 40 dB。
- 支持 5 V 电源，集成 1.8 V 线性稳压器（Low Dropout Regulator，LDO）隔离电源域。

- 内置接收信号强度指示（Receive Signal Strength Indication，RSSI）器。
- 可编程 TIA 增益。
- 灵敏度 8 μA 光调制幅度（Optical Modulation Amplifier，OMA）。
- 输入缓冲级在整个带宽内保持阻抗匹配 50 Ω。
- 发送端驱动器为外部 LED 提供高功耗。
- 支持 I²C 通用操作模式。
- 支持模拟与数字调试。

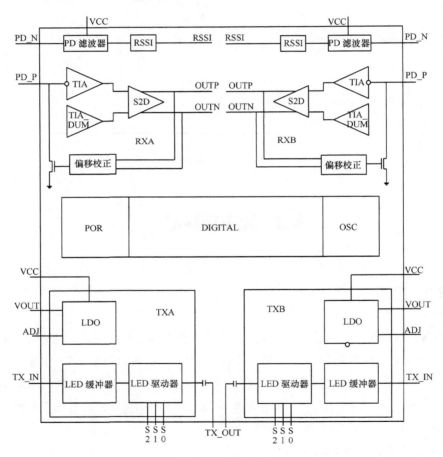

图 3-6　芯片内部结构

芯片内置集成跨阻放大器。光信号通过 PD/APD 转化为电流信号，经 TIA 转换放大为电压，电压经过放大驱动 50 Ω 负载的 CML 缓冲器。

芯片内置直流偏置抵消电路，用于补偿注入的直流电流以维持工作点。

芯片内置接收信号强度指示器，用于指示平均接收光功率。

芯片内置 LED 缓冲器（Buffer），在工作频率范围内，其输入阻抗为 50 Ω。

芯片内置 LED 驱动器（Driver），该驱动器接收 LED 缓冲器输出的信号并放大至合适的幅度驱动 LED，其驱动倍数可通过 3 个外部引脚或 I^2C 控制位进行调整。

交流和直流信号通过外部的偏置器（Bias-T）加载到 LED。

芯片内置的上电复位（Power-On Reset，POR）回路，其作用是使能直流偏置电路和重置数字电路。

芯片内置振荡器（Oscillator，OSC），其产生的时钟供数字电路和接收信号强度指示器使用。

3.3.2 管脚排布和管脚描述

芯片管脚排布，如图 3-7 所示（注：底部焊盘必须接地）。芯片管脚列表，见表 3-5。

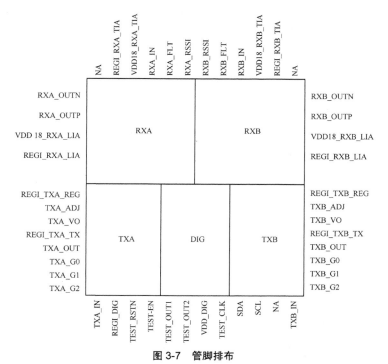

图 3-7 管脚排布

表 3-5 管脚列表

编号	名称	描述
1	RXA_OUTN	RXA CML 缓冲器差分输出 N（700 mV）
2	RXA_OUTP	RXA CML 缓冲器差分输出 P（700 mV）
3	VDD18_RXA_LIA	RXA LDO 1.8 V 输出（1 μF）
4	REGI_RXA_LIA	RXA LDO 5 V 输入
5	REGI_TXA_REG	TXA LDO 5 V 输入
6	TXA_ADJ	TXA LDO 输出电压调整
7	TXA_VO	TXA 150 mA LDO 输出
8	REGI_TXA_TX	TXA LDO 5V 输入
9	TXA_OUT	TXA LED 驱动输出（1～3 V）
10	TXA_G0	TXA 增益外部控制（5 V 或 GND）
11	TXA_G1	TXA 增益外部控制（5 V 或 GND）
12	TXA_G2	TXA 增益外部控制（5 V 或 GND）
13	TXA_IN	TXA 输入（单端 0.8～3 V）
14	REGI_DIG	数字 LDO 5 V 输入
15	TEST-EN	数字调试模式开关
16	TEST_RSTN	数字调试模式 Reset-N
17	TEST_OUT1	数字调试模式输出 1
18	TEST_OUT2	数字调试模式输出 2
19	VDD_DIG	数字 LDO 1.8 V 输出（1 μF）
20	TEST_CLK	数字调试时钟输入（20 MHz）
21	SDA	I^2C 数据
22	SCL	I^2C 时钟
23	NA	NA
24	TXB_IN	TXB 输入（单端, 0.8～3 V）
25	TXB_G2	TXB 增益外部控制（5 V 或 GND）
26	TXB_G1	TXB 增益外部控制（5 V 或 GND）
27	TXB_G0	TXB 增益外部控制（5 V 或 GND）
28	TXB_OUT	TXB LED 驱动输出（1～3 V）
29	REGI_TXB_TX	TXB LDO 5V 输入

（续表）

编号	名称	描述
30	TXB_VO	TXB 150 mA LDO 输出
31	TXB_ADJ	TXB LDO 输出电压调整
32	REGI_TXB_REG	TXB LDO 5 V 输入
33	REGI_RXB_LIA	RXB LDO 5 V 输入
34	VDD18_RXB_LIA	RXB LDO 1.8 V 输出（1 μF）
35	RXB_OUTP	RXB CML 缓冲器差分输出 P（700 mV）
36	RXB_OUTN	RXB CML 缓冲器差分输出 N（700 mV）
37	NA	NA
38	REGI_RXB_TIA	RXB LDO 5 V 输入
39	VDD18_RXB_TIA	RXB LDO 1.8 V 输出（1 μF）
40	RXB_IN	RXB 信号输入
41	RXB_FLT	PD 供电电压滤波
42	RXB_RSSI	RXB RSSI（100 pf/40 K）
43	RXA_RSSI	RXA RSSI（100 pf/40 K）
44	RXA_FLT	PD 供电电压滤波（1 μF 到 GND）
45	RXA_IN	RXA 信号输入
46	VDD18_RXA_TIA	RXA LDO 1.8 V 输出（1 μF）
47	REGI_RXB_TIA	RXB LDO 5 V 输入
48	NA	NA

上述管脚实现了 2 个接收端、2 个发送端、I²C 接口、基带以及射频调试方法。

3.3.3　额定工作范围

表 3-6 列举了规定的芯片额定工作范围，超过限制值可能导致永久性损坏。

表 3-6　额定工作范围

参数	条件	最小值	最大值	单位
供电电压	所有供电管脚应工作在同一电压	4.75	5.25	V
数字管脚电压		−0.3	VDD +0.3	V

（续表）

参数	条件	最小值	最大值	单位
最大射频输入			10	dBm
存储温度范围		−55	125	℃
静电放电（Electro-Static Discharge，ESD）范围	人体放电模式（Human-Body Model，HBM）	0	2 000	V

3.3.4　工作条件

表 3-7 列举了芯片的工作条件。

表 3-7　工作条件

参数	条件	最小值	最大值	单位
工作温度		−40	85	℃
工作供电电压	所有供电管脚应工作在同一电压	4.75	5.25	V

3.3.5　直流特性

如无特别说明，TA = 25℃，表 3-8 列举了芯片的直流特性。

表 3-8　直流特性

参数	条件	最小值	最大值	单位
逻辑低输入电压		0	0.2 VDD	V
逻辑高输入电压		0.8 VDD	VDD	V
逻辑低输出电压	最大输出电流 0.5 mA	0	0.4	V
逻辑高输出电压	最大输出电流 0.5 mA	VDD−0.4	VDD	V

3.3.6　电气规格

如无特别说明，VDD = 5.0 V，FIN = 300 MHz，TA = 25℃。表 3-9～表 3-11 分别列举了 RX 电气特性、TX 电气特性和 Top Block 电气特性。

表 3-9　RX 电气特性

工作条件					
参数	条件	最小值	典型值	最大值	单位
供电电压		1.62	1.8	1.98	V
温度		−40	40	85	℃
输入信号频率				300	MHz
PD_P 焊盘点线路耦合电感			0.6		nH
PD 结电容			4.5		pF
电气特性						
参数	符号	条件	最小值	典型值	最大值	单位
工作电流	ICC			28		mA
PD_N 焊盘点电阻	RFILT			208		Ω
PD_N 焊盘点电容	CFILT			168		pF
输入参考噪声	IN			0.35		μARMS
差分跨阻				3 600		Ω
LIA 小信号增益				40		dB
小信号带宽	$f_{-3\,dB}$			280		MHz
光灵敏度		400 Mbit/s $R=0.5\,A/W$		−18		dBm

表 3-10　TX 电气特性

工作条件					
参数	条件	最小值	典型值	最大值	单位
供电电压		4.75	5	5.25	V
温度		−40	40	85	℃
数据速率				300	MHz
LED 负载电容				5	pF
输入电压	单端	0.8		3.3	V
电气特性						
参数	符号	条件	最小值	典型值	最大值	单位
工作电流	ICC	增益设置为最大值		50		mA
输入匹配	S11				−10	dB
幅频特性低频拐点	Flow			10	15	MHz
幅频特性高频拐点	Fhigh		260	280		MHz

（续表）

电气特性						
参数	符号	条件	最小值	典型值	最大值	单位
带内波动					1	dB
输出幅度	VOUT		1		3	V
增益可调幅度	Gain	8 种设置	1		3	dB
LED 驱动器输出电压			2.5		4	V

表 3-11　Top Block 电气特性

工作条件					
参数	条件	最小值	典型值	最大值	单位
供电电压		4.75	5	5.25	V
温度		−40	40	85	°C

电气特性						
参数	符号	条件	最小值	典型值	最大值	单位
带隙建立时间	Tstart			25	50	μs
POR 时延	Tdel	上升到 4.75 V	1		11	ms
电压	Vbo		2.2	2.8	3.5	V
LDO 电源抑制比		输出负载电容 1 μF	−35		−27	dB
数字本振时钟	Fdig	供电电压为 1.2 V		12		MHz
RSSI 本振时钟	Frssi	供电电压为 1.2 V		0.75		MHz
工作电流	Itop			3	5	mA

3.3.7　封装

本芯片采用 48 针 7 mm×7 mm 方形扁平无引脚封装（Quad Flat No-lead Package，QFN）。

3.4　芯片典型应用电路

3.4.1　数字基带芯片典型应用电路

数字基带芯片典型应用电路，如图 3-8～图 3-15 所示。

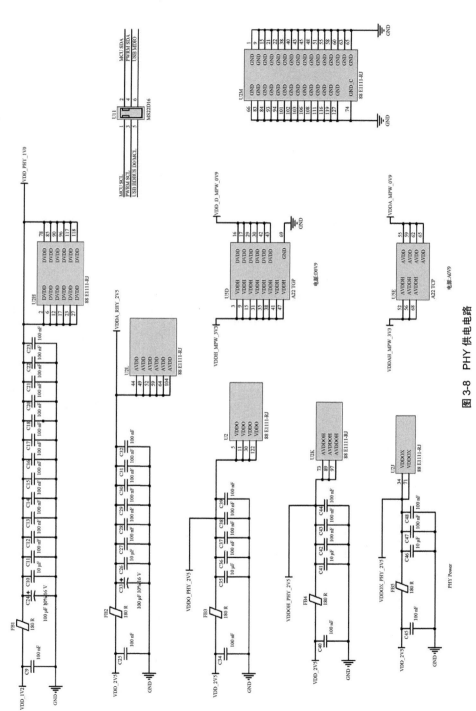

图 3-8　PHY 供电电路

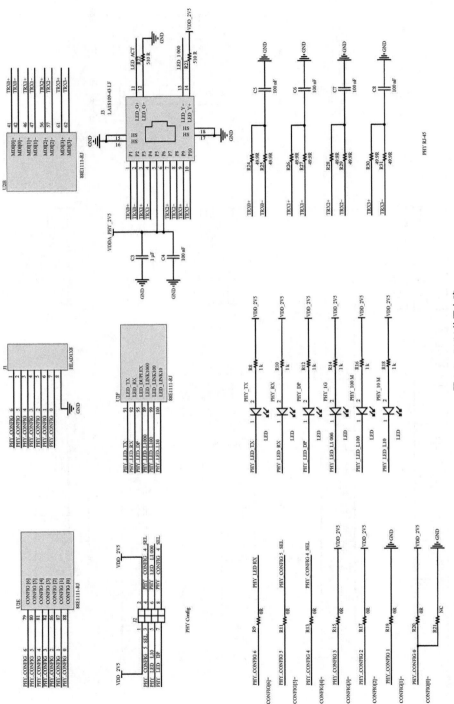

图 3-9　PHY 外围电路

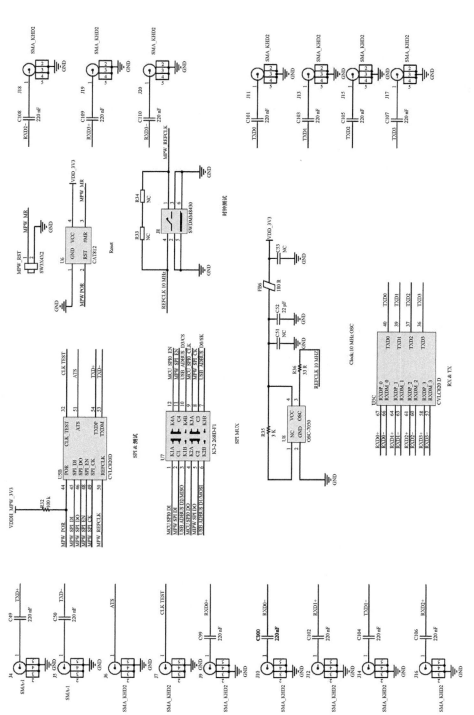

图 3-10　SMA 接头、时钟、复位、SPI 接口等连接电路

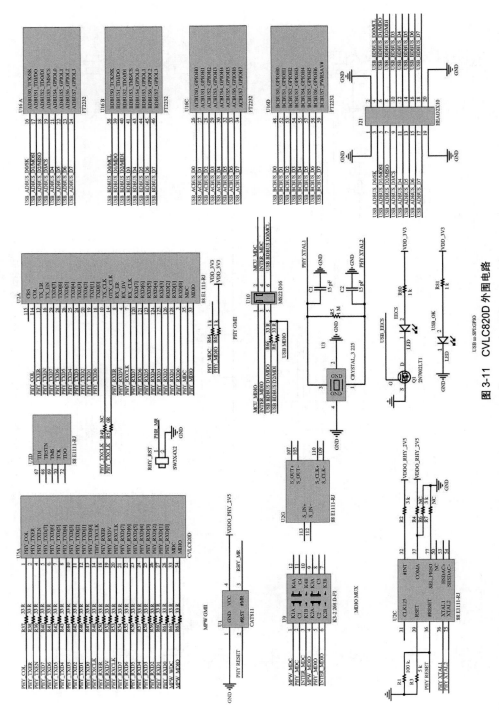

图 3-11 CVLC820D 外围电路

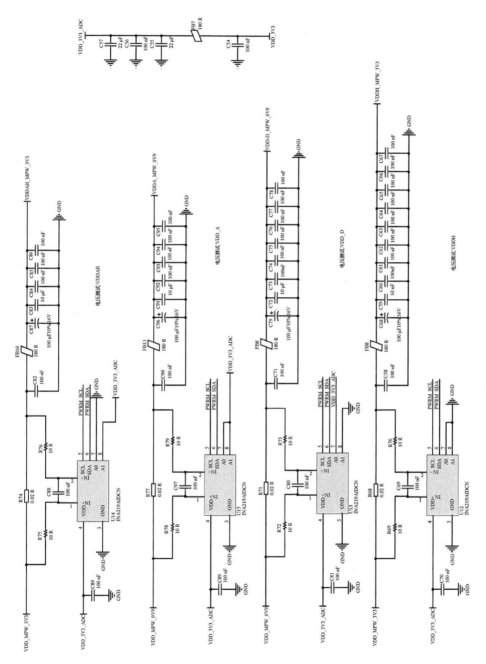

图 3-12 供电电路

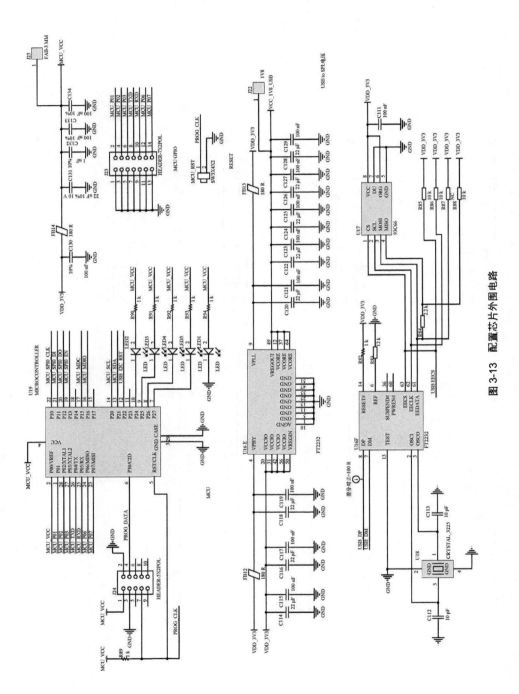

图 3-13 配置芯片外围电路

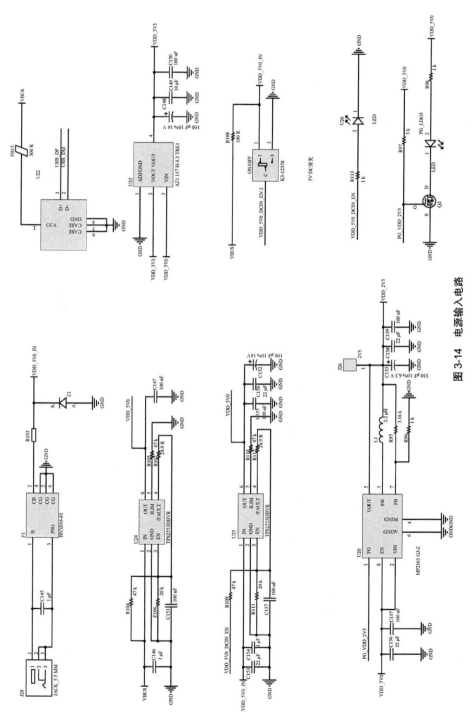

图 3-14　电源输入电路

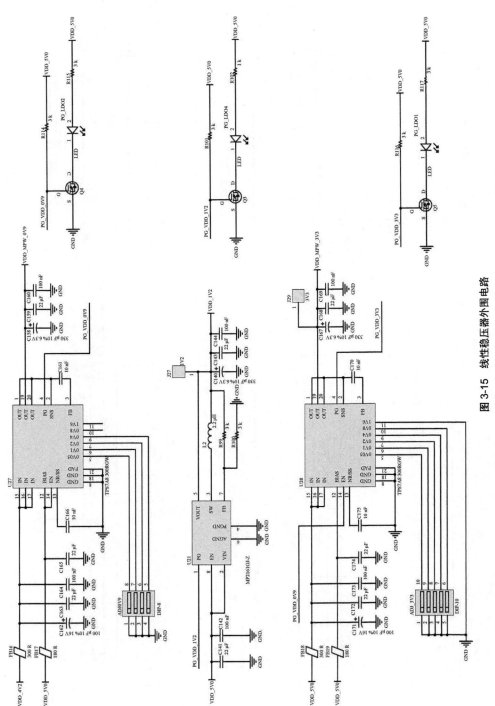

图 3-15　线性稳压器外围电路

3.4.2　光电前端芯片典型应用电路

光电前端芯片典型应用电路如图 3-16、图 3-17 所示。

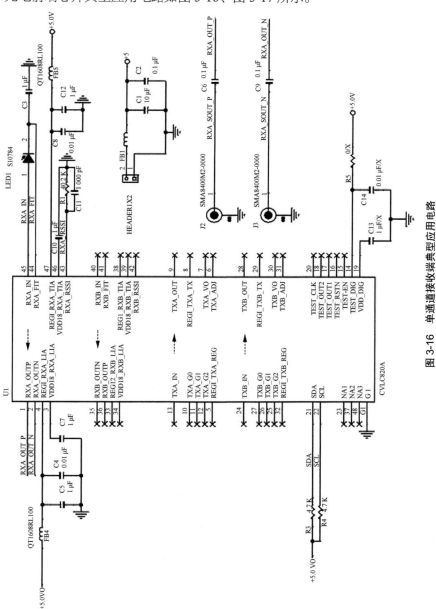

图 3-16　单通道接收端典型应用电路

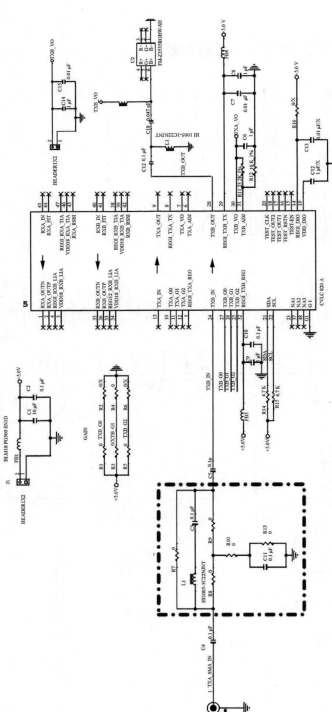

图 3-17 单通道发送端典型应用电路

|3.5　芯片功能评估板 |

3.5.1　概述

可见光通信芯片评估板核心芯片为：1 片数字基带芯片、2 片光电前端芯片（其中，数字基带芯片支持 4 路串行通道，光电前端芯片支持 2 路串行通道），可支持吉比特以太网数据的可见光传输。可见光通信芯片评估板，如图 3-18 所示，其具有如下的特性。

- 光源部分：支持 LED/LD。
- 传输媒介：可用于驱动无线光信号与光纤信号。
- 接收部分：支持 PD/APD。
- 业务接口：GMII 网络接口，支持吉比特以太网 PHY，支持 10/100/1 000 Mbit/s 以太网标准，支持以太网报文长度 64～1 500 Byte。
- 传输速率：对应 SISO/4×4 MIMO，支持 120/400/1 000 Mbit/s 速率切换。
- 线路编码：8B10B/曼彻斯特。
- 信道编码：RS 编码。

图 3-18　可见光通信芯片评估板

3.5.2　评估功能

针对可见光通信芯片应用需求，即传输速率、传输距离、传输媒介、数字接口等，调整可见光通信芯片相关配置，完成验证系统架设，评估应用场景。

（1）数字接口评估

数字接口评估，见表 3-12。

表 3-12　数字接口评估

测试项目	测试内容	评估功能
GMII 接口功能测试	测试 GMII 接口的信号和数字逻辑正确性	可外接 10/100/1 000 Mbit/s 以太网 PHY、电力线 PHY 以及其他符合 GMII 接口的设备或主机，完成数字接口评估
GMII 接口性能测试	测试 GMII 接口的信号速率	针对测试的数据接口，在可见光通信芯片带宽范围内，测试接口的最大传输速率

（2）传输速率、传输距离、传输媒介评估

传输速率、传输距离、传输媒介评估，见表 3-13。

表 3-13　传输速率、传输距离、传输媒介评估

测试项目	测试内容	评估功能
传输速率	配置串行传输速率，适配可见光通信芯片应用需求	可见光通信芯片支持：对应 SISO/4×4 MIMO，支持 120/400/1 000 Mbit/s 速率切换，可适用于多种速率应用需求
传输距离	配置串行传输速率、线路编码方式、光电前端芯片配套驱动网络，适配可见光通信芯片应用需求	针对传输距离应用需求，配置芯片的传输速率、线路编码方式、多路复用模式、光电前端芯片配套驱动网络等
传输媒介	配置串行传输速率、线路编码方式、光电前端芯片配套驱动网络，适配可见光通信芯片应用需求	针对传输媒介（无线光、有线光）应用需求，配置芯片的传输速率、线路编码方式、多路复用模式、光电前端芯片配套驱动网络等

| 3.6　可见光通信标准模块 |

可见光通信芯片组的典型应用有室内绿色高速信息网络、信息安全、高速数传系统、室外拓展距离通信、水下高速无线信息网络、特殊区域移动通信等。根据以上典型应用对于通信速率、传输距离等的不同需求，可将可见光通信芯片组的应用拆分为近距离吉比特可见光传输、中距离百兆可见光传输、远距离兆级可见光传输以及塑料光纤入户共 4 种应用需求。将可见光通信芯片组的 MIMO/SISO 可切换、单路传输速率（400 Mbit/s）/（120 Mbit/s）可切换、线路编码 8B10B/曼彻斯特编码可切换等工作模式进行有机组合，设计 4 种可见光通信标准模块覆盖以上典型应用

需求。其中，近距离吉比特传输模块对应信息安全、高速数传的应用需求，中距离百兆传输模块对应室内绿色高速信息网络、特殊区域移动通信的应用需求，远距离兆级传输模块对应室外拓展距离通信、水下高速无线信息网络的应用需求，基于芯片组的塑料光纤驱动模块对应塑料光纤入户的应用需求。该可见光通信标准模块可以降低可见光通信芯片组的应用门槛，加快可见光通信技术产业化进程。

3.6.1 近距离吉比特传输模块

1. 概述

近距离吉比特传输模块采用 1 片数字基带芯片、2 片光电前端芯片作为核心芯片，采用 8 对 LED/PD 作为光电转换器件，可支持吉比特以太网数据的可见光传输。近距离吉比特透传/单向传输模块结构，如图 3-19 所示。其具有如下的特性。

- 光源器件：各种颜色 LED 和 LD。
- 接收器件：PD 和 APD。
- 业务接口：GMII 网络接口，支持吉比特以太网 PHY，支持 10/100/1 000 Mbit/s 以太网标准，支持以太网报文长度 64～1 500 Byte。
- 传输距离：0.03～3 m。
- 传输速率：对应 SISO/4×4 MIMO，支持 120/400/1 000 Mbit/s 速率切换。
- 线路编码：8B10B/曼彻斯特。
- 信道编码：RS 编码。
- 工作方式：支持双向、单向传输。

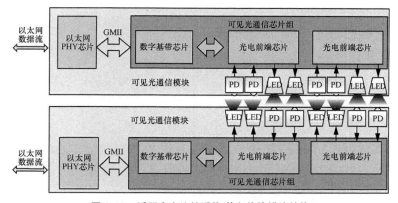

图 3-19   近距离吉比特透传/单向传输模块结构

2. 应用

① 信息安全需求：物理隔离网络的数据单向安全导入，应用于政府、军队和企业办公场所，在不同的网络层级之间，采用可见光通信实现安全、可控的数据传输。

② 手机与设备间的高速互连：手机与计算机、扩展坞、投影仪、摄像头、显示器等设备之间的高速互连。

3.6.2 中距离百兆传输模块

1. 概述

中距离百兆传输模块，采用 1 片可见光通信数字基带芯片、1 片可见光通信光电前端芯片作为核心芯片。对上层业务，将数字基带芯片与以太网 PHY、电力线 PHY、USB 以太网 PHY 及其他接口转以太网 PHY 芯片相连，适用不同设备。对物理通道，采用 1 路 LED 作为电光转换器件，1 路 PD/APD 作为光电转换器件，采用中距离光学系统设计，实现中距离的百兆级数据传输。中距离百兆传输模块结构，如图 3-20 所示。其具有如下特性。

- 光源器件：各种颜色 LED 和 LD。
- 接收器件：PD 和 APD。
- 业务接口：支持 GMII 接口，可接多种协议转以太网 PHY 芯片（例如：USB）。
- 传输距离：1～30 m。
- 传输速率：400 Mbit/s，120 Mbit/s。
- 线路编码：8B10B/曼彻斯特。
- 信道编码：RS 编码。
- 工作方式：支持双向、单向传输。

2. 应用

① 智慧灯即将集成可见光通信装置的吸顶灯和射灯装配在客厅、卧室，实现室内用户的可见光通信网络接入功能。由于可见光通信的直线传播特性，该网络接入具有高速、绿色、安全、私密等特点。

② 可见光台灯可装配在图书馆中使用，因图书馆人流较大，无线网往往不堪重负，可见光台灯可以很好地解决这类问题，在书桌上安装此系统，当查阅文献、浏览网页时，便可在台灯下连接接收端，实现高速上网。

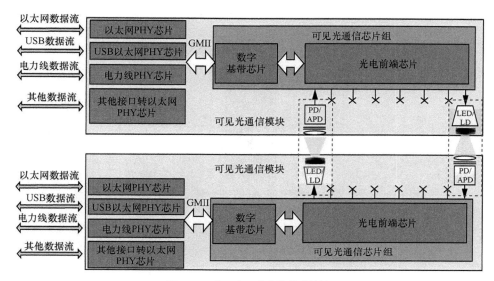

图 3-20　中距离百兆传输模块结构

3.6.3　远距离兆级传输模块

1. 概述

远距离兆级传输模块利用单光子雪崩二极管（Single Photon Avalanche Diode，SPAD）光子接收器件的高灵敏特性，在远距离、微弱光条件下对可见光光子进行反应，从而支持兆级数据传输。远距离兆级传输模块主要包括发射模块和接收模块，发射模块是数据信息经 FPGA 处理后，对 LED 用 OOK 的调制方式进行调制，调制后的可见光信号经 LED 进行发射。接收模块通过 SPAD 接收可见光，进行光电转化，信号处理后输入 FPGA 进行处理，最终解调出所传信息。远距离兆级传输模块整体结构，如图 3-21 所示。传输模块的具体特征如下。

- 光源器件：支持 LED/LD。
- 传输媒介：可用于驱动无线光信号。
- 接收器件：SPAD。
- 业务接口：支持 SPI、IIC、UART 等低速数据接口。
- 传输距离：100～1 000 m。
- 传输速率：1～60 Mbit/s。

- 接收灵敏度：小于-45 dBm。
- 电压可调范围：4.5~180 V。

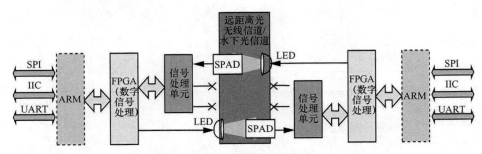

图 3-21 远距离兆级传输模块整体结构

2. SPAD 接收前端设计

远距离兆级传输模块主要是对接收机的前端进行设计。接收前端主要包括 SPAD 模块、偏置电源模块以及信号处理单元。

SPAD 模块的主要作用是对可见光进行光电转换，并对内部由于可见光产生的电信号进行放大；偏置电源模块是对 SPAD 进行供电，SPAD 的性能受到温度的影响较大，因此需用供电电压对由于温度对 SPAD 造成的影响进行补偿；信号处理单元主要对接收信号的解调以及放大等进行处理，使得输出信号达到适合 FPGA 处理的电平。远距离兆级传输接收前端结构，如图 3-22 所示。

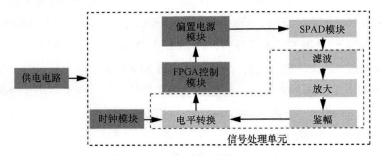

图 3-22 远距离兆级传输接收前端结构

3. 低成本高电压电源设计

SPAD 模块工作在盖革模式下，电路板会产生大量热量，温度升高会对 SPAD 的暗计数及增益等性能指标产生较大影响，因此选用步进较小的可调电压芯片，通过温度传感器的温度回馈，控制电源芯片的输出电压，以抵消温度升高对器件性能的影响。因此，设计高性能的可调电压模块就显得尤为重要。偏置电源模块设计结构，如图 3-23 所示。电源参数指标如下。

- 输入电压范围：2.7～5.5 V。
- 输出电压范围：4.5～180 V。
- 输出电压精度：0.5%。
- 输出电流：0.01 A。
- 输出电源纹波：<1 mV。

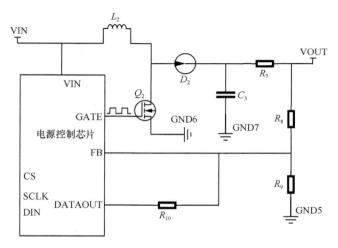

图 3-23　偏置电源模块设计结构

4. 应 用

① 水下信息网络：重点海域部署，需要无线高速通信网络支撑。

② 室外拓展距离安全通信：针对空中平台无线安全通信、车联网等应用需求，实现远距离室外可见光通信。

3.6.4　基于芯片组的塑料光纤驱动模块

1. 概述

基于芯片组的塑料光纤驱动模块由数字基带芯片、光电前端芯片、LED/LD 和光电检测前端搭配外围电路组成，用于塑料光纤通信，有效解决了可见光通信传输距离受限、稳定性差的问题，该模块通过 RJ45、USB 与终端连接，不需要软件配置，均由内部程序完成，即可实现通信功能。

图 3-24 所示为百兆模式塑料光纤应用连接。其中，电源插座部分即是网络接入口，采用 1 片数字基带芯片、1 片光电前端芯片和 POF 相连。POF 的另一端为光电前端芯片与 LED 灯，该部分即为可见光网络接入点。用户端可以通过 USB 接入 USB 接口的百兆级可见光通信模块。该模块由 PD、以太网转 USB PHY、1 片数字基带芯片与 1 片光电前端芯片组成。对上层业务，为百兆以太网透明传输提供物理通道。

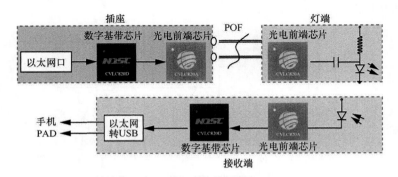

图 3-24　百兆模式塑料光纤应用连接

图 3-25 所示为吉比特模式塑料光纤插座结构。吉比特模式塑料光纤插座采用 1 片数字基带芯片与 2 片光电前端芯片作为核心芯片，采用吉比特以太网接口与服务器相连，对外留出塑料光纤接线头。对上层业务，采用 10/100/1 000 Mbit/s 的自适应以太网接口。物理层为塑料光纤中的光信号传输。基于芯片组的塑料光纤驱动模块实物，如图 3-26 所示。

图 3-25　吉比特模式塑料光纤插座结构

图 3-26　基于芯片组的塑料光纤驱动模块实物

2．应用

传统光纤质量重、可塑性较差，在飞机、火车等产品中使用具有较大的局限性，塑料光纤质轻、柔软、耐破坏，基于芯片组的塑料光纤驱动模块是针对塑料光纤通信设计的，体积小、功耗低、成本低，且拥有完全自主知识产权，多种接口方便用户使用，可用于机房、商场等场所。

| 3.7　小结 |

可见光通信芯片组分为数字基带芯片和光电前端芯片两种专用芯片，兼容主流中高速接口协议标准，支持传输速率可配，最高速率可达 1 Gbit/s。该芯片组的各项性能指标能够满足室内绿色高速信息网络、信息安全、高速数传系统、室外拓展距离通信、水下高速无线信息网络、特殊区域移动通信等领域的通信应用需求，可以为可见光通信产业化发展提供芯片基础。与芯片配套的芯片功能评估板和可见光通信标准模块，可以进一步降低芯片的应用门槛，为加快可见光通信技术的产业化进程提供有力支撑。

| 参考文献 |

[1]　QUINTANA C, GUERRA V, RUFO J, et al. Reading lamp-based visible light communication system for in-flight entertainment[J]. IEEE Transaction on Consumer Electronics, 2013, 59(1):

31-37.

[2] MINH H L, O'BRIEN D, FAULKNER G, et al. High-speed visible light communications using multiple-resonant equalization[J]. IEEE Photonics Technology Letters, 2008, 20(15): 1243-1245.

[3] NUWANPRIYA A, HO S W, CHEN C S. Angle diversity receiver for indoor MIMO visible light communications[C]//IEEE GC Workshops, December 8-12, 2014, Austin. Piscataway: IEEE Press, 2014: 529-534.

[4] XU X P, WANG C, ZHU Y J, et al. Block markov superposition transmission of short codes for indoor visible light communications[J]. IEEE Communications Letters, 2015, 19(3): 359-364.

[5] LEGNAIN R M, HAFEZ R H M, MARSLANG L D, et al. A novel spatial modulation using MIMO spatial multiplexing[C]//the 1st International Conference on Communications, Signal Processing and Their Applications, February 12-14, 2013, United Arab Emirates, Sharjah. Piscataway: IEEE Press, 2013.

[6] CAI H B, ZHANG J, ZHU Y J, et al. Optimal constellation design for indoor 2×2 MIMO visible light communications[J]. IEEE Communications Letters, 2015, 20(2): 264-267.

[7] FATH T, HAAS H. Performance comparison of MIMO techniques for optical wireless communications in indoor environments[J]. IEEE Transactions on Communications, 2013, 61(2): 733-742.

[8] ZENG L B, O'BRIEN D C, MINH H L, et al. High data rate multiple input multiple output (MIMO) optical wireless communications using white led lighting[J]. IEEE Journal on Selected Areas Communications, 2009, 27(9): 1654-1662.

[9] ZHANG X, CUI K Y, ZHANG H M, et al. Capacity of MIMO visible light communication channels[C]// Photonics Society Summer Topical Meeting Series, July 9-11, 2012, Seattle. Piscataway: IEEE Press, 2012: 159-160.

[10] CHEN T, LIU L, TU B, et al. High-spatial-diversity imaging receiver using fisheye lens for indoor MIMO VLCs[J]. IEEE Photonics Technology Letters, 2014, 26(22): 2260-2263.

[11] ASHOK A, GRUTESER M, MANDAYAM N, et al. Challenge: mobile optical networks through visual MIMO[C]//the 16th Annual International Conference on Mobile Computing and Networking, September 20-24, 2010, Chicago. New York: ACM Press, 2010: 105-112.

[12] 'Li-Fi' via LED light bulb data speed breakthrough[EB].

[13] 中国可见光通信重大突破传输速度可达 50 Gbit/s[EB].

[14] 无需光纤 100 Gbit/s 可见光通信试验终成功[EB].

[15] 胡国永, 陈长缨, 陈振强. 白光 LED 照明光源用作室内无线通信研究[J].光通信技术, 2006, 30(7): 46-48.

[16] 张建昆, 杨宇, 陈弘达. 室内可见光通信调制方法分析[J]. 中国激光, 2011, 38(4): 137-140.

[17] 杨宇, 刘博, 张建昆. 一种基于大功率 LED 照明灯的可见光通信系统[J]. 光电子激光,

2011, 22(6): 803-807.

[18] 丁德强, 柯熙政. 可见光通信及其关键技术研究[J]. 半导体光电, 2006, 27(2): 114-117.

[19] 谭家杰. 室内 LED 可见光 MIMO 通信研究[D]. 武汉: 华中科技大学, 2011.

[20] 陈特. 可见光通信的研究[J]. 中兴通讯技术, 2013, 19(1): 49-52.

[21] MINH H L, O'BRIEN D, FAULKNER G, et al. 100 Mbit/s NRZ visible light communications using a post equalized white LED[J]. IEEE Photonics Technology Letters, 2009, 21(15): 1063-1065.

[22] VUCIC J, KOTTKE C, NERRETER S, et al. 125 Mbit/s over 5 m wireless distance by use of OOK-modulated phosphorescent white LEDs[C]//2009 35th European Conference on Optical Communication, September 20-24, 2009, Vienna. Piscataway: IEEE Press, 2009.

[23] WANG Y, HUANG X, ZHANG J, et al. Enhanced performance of visible light communication employing 512 QAM N-SC-FDE and DD-LMS[J]. Optics Express, 2014, 22(13): 15328-15334.

[24] YEH C H, CHOW C W, CHEN H Y, et al. Adaptive 84.44～190 Mbit/s phosphor-LED wireless communication utilizing no blue filter at practical transmission distance[J]. Optics Express, 2014, 22(8): 9783-9788.

[25] YEH C H, CHOW C W, LIU Y L, et al. Investigation of no analogue-equalization and blue filter for 185 Mbit/s phosphor-LED wireless communication[J]. Optical and Quantum Electronics, 2015, 47(7): 1991-1997.

[26] CHUN H, MANOUSIADIS P, RAJBHANDARI S, et al. Visible light communication using a blue GaN LED and fluorescent polymer color converter[J]. IEEE Photonics Technology Letters, 2014, 26(20): 2035-2038.

[27] WANG Y Q, WANG Y G, CHI N, et al. Demonstration of 575 Mbit/s downlink and 225 Mbit/s uplink bi-directional SCM-WDM visible light communication using RGB LED and phosphor-based LED[J]. Optics Express, 2013, 21(1): 1203-1208.

[28] CHI N, WANG Y Q, WANG Y G, et al. Ultra-high-speed single red-green-blue light-emitting diode-based visible light communication system utilizing advanced modulation formats[J]. Chinese Optics Letters, 2014, 12(1): 010605.

[29] FUJIMOTO N, MOCHIZUKIH. 614 Mbit/s OOK-based transmission by the duobinary technique using a single commercially available visible LED for high-speed visible light communications[C]// European Conference and Exhibition on Optical Communications (ECOC), September 16-20, 2012, Amsterdam. Piscataway: IEEE Press, 2012: 1-3.

[30] LI H, CHEN X, GUO J, et al. A 550 Mbit/s real-time visible light communication system based on phosphorescent white light LED for practical high-speed low-complexity application[J]. Optics Express, 2014, 22(22): 27203-27213.

[31] WANG Y, WANG Y, CHI N, et al. Demonstration of 575 Mbit/s downlink and 225 Mbit/s uplink bi-directional SCM-WDM visible light communication using RGB LED and phosphor-based LED[J]. Optics Express, 2013, 21(1): 1203-1208.

[32] HUANG X, SHI J, LI J, et al. 750 Mbit/s visible light communications employing 64QAM-OFDM based on amplitude equalization circuit[C]//Optical Fiber Communication Conference, March 22-26, 2015, Los Angeles. Piscataway: IEEE Press, 2015: Tu2G. 1.

[33] KHALID A M, COSSU G, CORSINI R, et al. 1 Gbit/s transmission over a phosphorescent white LED by using rate-adaptive discrete multitone modulation[J]. IEEE Photonics Journal, 2012, 4(5): 1465-1473.

[34] MINH H L, O'BRIEN D, FAULKNER G, et al. A 1.25 Gbit/s indoor cellular optical wireless communications demonstrator[J]. IEEE Photonics Technology Letters, 2010, 22(21): 1598-1600.

[35] ZHANG S, WATSON S, MCKENDRY J J D, et al. 1.5 Gbit/s multi-channel visible light communications using CMOS-controlled GaN-based LEDs[J]. Journal of Lightwave Technology, 2013, 31(8): 1211-1216.

[36] HUANG X, WANG Z, SHI J, et al. 1.6 Gbit/s phosphorescent white LED based VLC transmission using a cascaded pre-equalization circuit and a differential outputs PIN receiver[J]. Optics Express, 2015, 23(17): 22034-22042.

[37] COSSU G, WAJAHAT A, CORSINI R, et al. 5.6 Gbit/s downlink and 1.5 Gbit/s uplink optical wireless transmission at indoor distance (≥1.5 m)[C]//2014 The European Conference on Optical Communication (ECOC), September 21-25, 2014, Cannes. Piscataway: IEEE Press, 2014: 1-3.

[38] COSSU G, KHALID A M, CHOUDHURY P, et al. 2.1 Gbit/s visible optical wireless transmission[C]// European Conference and Exhibition on Optical Communications, September 16-20, 2012, Amsterdam. Piscataway: IEEE Press, 2012.

[39] HUANG X, CHEN S, WANG Z, et al. 2.0 Gbit/s visible light link based on adaptive bit Allocation OFDM of a single phosphorescent white LED[J]. IEEE Photonics Journal, 2015, 7(5): 1-8.

[40] O'BRIEN D. Multi-input multi-output (MIMO) indoor optical wireless communications[C]// the Forty-Third Asilomar Conference on Signals, Systems and Computers, November 1-4, 2009, Pacific Grove. Piscataway: IEEE Press, 2009: 1636-1639.

[41] TAKASE D, OHTSUKI T. Optical wireless MIMO communications (OMIMO)[C]//IEEE Global Telecommunications Conference, November 29-December 3, 2004, Chiba, Piscataway: IEEE Press, 2004.

[42] COSSU G, KHALID A M, CHOUDHURY P, et al. 3.4 Gbit/s visible optical wireless transmission based on RGB LED[J]. Optics Express, 2012, 20(26): B501-B506.

第4章
室内高速可见光通信系统

本章主要介绍可见光芯片在室内高速通信系统的相关应用,利用可见光通信的安全、可靠、高速、绿色等特点,弥补无线互联的种种弊端。特别是在智慧家庭、办公网络、高速高密度接入等室内环境方面的应用,本章将进行详细的介绍,以凸显在以可见光芯片为核心的基础上,大幅度提高可见光通信技术在室内的应用价值,进一步推进可见光通信技术的产业化进程。

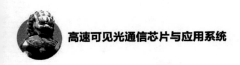

| 4.1　引言 |

可见光光谱范围是已有无线电频谱的上万倍，基于可见光频段的信息传输技术是一种"有光能上网，有灯可互联"的新型无线通信技术，因为其能将人工照明领域与信息通信领域自然融合，相比于受到无线频谱限制的无线射频（Radio Frequency，RF）通信，基于室内泛在 LED 的可见光通信技术不存在频谱分配问题，不需要申请频段使用执照，还可以提供照明功能，且具有健康安全、绿色节能、成本低廉等优势；另外，VLC 还具有良好的保密特性[1-2]。欧美日等发达地区都在积极投身 VLC 的研究工作，且取得了一定的成果[3-27]。VLC 在国内的研究起步较晚，但发展迅速，通过产业导向和科研攻关，VLC 技术必将不断发展，搭乘 LED 快速发展和照明设备更新换代的快车，带来无线通信的新一场变革[28]。

综上而言，可见光通信技术在室内信息服务中有很多典型应用。本章将基于可见光专用芯片组和专用收发模块，重点介绍可见光通信技术在室内的高速应用系统。

| 4.2　室内高速可见光通信需求 |

可见光通信芯片组在室内高速通信领域具有巨大的应用前景。可见光通信芯片组是全球首款商品级可见光通信芯片，采用成熟、易实现的多输入多输出通断键控（Multiple-input Multiple-output On-off Keying，MIMO-OOK）技术体制，支持 LED 光源，支持恒流、恒压驱动方式和各类照明灯具，兼容主流的中高速接口协议标准，通行速率达 1 Gbit/s 向下兼容至 120 Mbit/s。基于这一芯片特性，面向室内通信环境，利用可见光通信芯片组（如图 4-1 所示）提高室内通信的速率、安全性、便捷性。

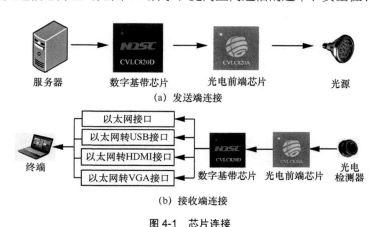

图 4-1　芯片连接

　　室内可见光通信技术兼顾照明的同时，实现信息传输，在室内通信领域具有不可替代的优势[29-42]。

　　（1）高速通信

　　基于 LED 灯高速调制特性和可见光丰富的频谱资源（约 300 THz），可见光通信具有高速传输信息的潜力。

　　（2）泛在安全

　　利用 LED 的泛在性，借助家庭、餐厅、咖啡厅、图书馆等室内场所必备的照明 LED 灯，用 LED 光直线传输的特性，结合可见光通信技术、红外通信技术以及以太网传输技术搭建局域网络，实现特定区域内终端的互联，高速、便捷、安全。

　　（3）布局简便

　　把可见光通信作为信号在传输过程中的中继，很好地利用了光信道，除去了信号由路由器发射需要接入网线的麻烦，简化了室内系统的网络布线。

　　（4）可靠兼容

　　开拓了崭新的频谱资源，并且有效地兼容现有的通信设备。

根据应用环境特性，室内的通信需求主要包括：通信速率高，以满足用户的高速通信应用需求；高速、高密度，当室内用户数增大时，以保证一定的通信速率；安全性能强，以满足特定场所的安全性保证需求。针对这 3 点通信需求，基于可见光通信芯片组，本章将可见光通信技术应用到具体的室内环境，并详细介绍以下 3 种室内应用场景。

① 家庭可见光高速上网。

② 公共场所可见光高速上网。

③ 办公场所可见光安全网络。

|4.3 家庭可见光高速上网系统 |

家庭可见光高速上网系统（如图 4-2 所示）以可见光通信技术为基础，融合多种通信技术，提高家庭上网速率。该系统赋予家庭照明光源无线路由的功能，降低用户的上网成本，优化用户上网体验，推进智慧家庭发展进程。

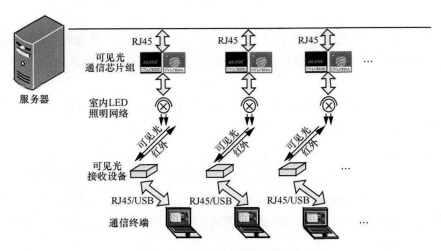

图 4-2　家庭可见光高速上网系统

家庭可见光高速上网系统（如图 4-3 所示）采用家用照明网络作为信源，通信终端通过一款可见光网卡设备接入网络。通过采用可见光通信技术、以太网传输技术、红外通信技术、通用串行总线传输技术以及 Wi-Fi、ZigBee、蓝牙（Bluetooth）

等常用通信技术，搭建家庭物联网，即以照明灯为网络节点，实现用户的高速安全上网和家具家电的智能控制。本节将介绍 3 种具体的室内可见光高速通信系统。

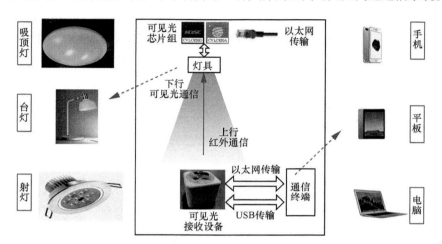

图 4-3　家庭可见光高速上网系统示意图

4.3.1　可见光多模灯系统

可见光多模灯系统主要包括 LED 智慧灯和可见光接收设备。

LED 智慧灯为家用照明光源，其主要功能包括色温调控以及通信协议转换。LED 智慧灯采用以太网传输技术接入 Internet 实现灯间互联；LED 智慧灯采用可见光通信技术实现与可见光接收设备之间的下行（灯到可见光接收设备）通信。可见光吸顶灯，如图 4-4 所示。

图 4-4　可见光吸顶灯

（1）灯的多模接入

面向物联网智能家居设计以太网通信与多种通信方式之间的协议转换，如图 4-5 所示。针对市场上家用电器通信方式不统一现象，我们在智慧灯的前端电路中设计一种协议转换，通过 ARM 处理器进行相应的数据处理，实现以太网通信协议与 Wi-Fi 协议、电力线通信（Power Line Communication，PLC）协议、红外数据通信（Infrared Data Association，IrDA）协议、ZigBee 协议、蓝牙协议的协议互转，即利用 LED 智慧灯的多模接入功能及各种家电家具受控制于用户手机或者人工智能终端，优化用户体验，提高生活质量。

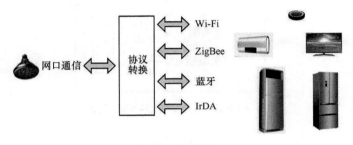

图 4-5　协议转换

（2）灯的色温调控

LED 智能照明系统可以实现色温随季节的变化而变化及亮度随环境光强的变化而变化。不同的环境，人们对光线的色温要求不同。比如：蓝光会抑制松果体对褪黑激素的合成，使人摆脱夜晚的困意；夜间低色温光线蓝光成分不多，松果体会更加活跃地分泌褪黑激素来促进人们的睡眠。

LED 智能照明系统包含两种光源，分别为黄红双色（Yellow Red Yellow Red，YRYR）光源（光源 1）和红绿蓝黄四色光源（光源 2），采用图 4-6 所示的分布方式，室内照明的同时实现情景照明。情景照明的具体实现分为两种情况：第一种是超低色温照明，即色温要求在 2 000 K 以下，此时只点亮一种光源；第二种是色温可调式照明，此模式主要通过控制光源 1 和光源 2 的输入电流，实现色温在 2 200～6 000 K 范围内可调。

可见光接收设备主要功能是检测可见光信号以及通信协议转换。可见光接收设备采用以太网传输技术或 USB 传输技术实现与通信终端的互联；可见光接收设备采用红外通信技术实现与 LED 智慧灯之间的上行（可见光接收设备到灯）通信。可见光接收设备，如图 4-7 所示。

1	2	1	2	1	2	1	2
2	1	2	1	2	1	2	1
1	2	1	2	1	2	1	2
2	1	2	1	2	1	2	1
1	2	1	2	1	2	1	2
2	1	2	1	2	1	2	1
1	2	1	2	1	2	1	2
2	1	2	1	2	1	2	1

图 4-6　光源分布方式

图 4-7　可见光接收设备

可见光接收设备通过以太网传输和 USB 传输技术，将通信终端接入网络。为适应不同 USB 终端需求，设备的 USB 接口采用一拖多的方式，支持 Type-A、Type-B、Type-C、Mini-A、Mini-B、Micro-A、Micro-B、Lighting 等多种不同 USB 协议。可见光网卡设备及协议转换分别如图 4-8、图 4-9 所示。

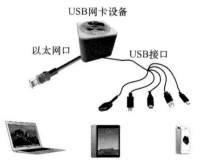

USB网卡设备

以太网口　　　　USB接口

图 4-8　可见光网卡设备

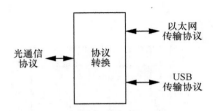

图 4-9　可见光网卡设备协议转换

硬件层面，可见光接收设备包含可见光芯片组、USB 转媒体访问控制（Media Access Control，MAC）芯片、可见光发送接收器件及相关电路，通过 USB OTG（On-The-Go）接口与手机相连；软件层面，可见光接收设备在安卓手机/计算机的驱动为网卡，手机和计算机使用可见光接收设备上网。用户可以使用市场上一般的商用手机连接可见光网卡设备，不需要刷机，不需要 ROOT，不需要专用应用程序（Application Program，App），不需要外接供电。可见光高速上网系统，如图 4-10 所示。

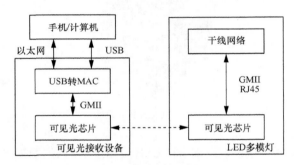

图 4-10　可见光高速上网系统

可见光高速上网系统的主要技术指标如下。

① 通信速率：120 Mbit/s 和 400 Mbit/s。

② 通信距离：2～3 m。

③ 通信视场角度：120°。

④ 通信技术：可见光通信技术、红外通信技术、以太网传输技术和 USB 传输技术。

⑤ 误码率：10^{-9}。

4.3.2　可见光台灯系统

可见光台灯系统是面向室内高速绿色上网应用的典型产品。作为现阶段面向室内应用的一类典型可见光通信设备，该产品充分发挥可见光通信传输速率高、适应高速高密度覆盖、对人体无电磁辐射伤害等典型技术优势，有效克服了现有室内Wi-Fi 网络覆盖范围不佳、多终端支持较差、电磁辐射较强等突出问题。

可见光高速上网台灯作为可见光通信网络的一种具体产品形态，是可见光通信网络现阶段应用的智能单品。可见光高速上网台灯并不替代现阶段的 Wi-Fi 设备，而是提供一种适合室内应用的 Wi-Fi 补充型产品，适合对带宽体验与绿色健康等要求较高的用户，并为具有新型生活态度的年轻人群提供一种另类化的智能单品。

可见光高速上网台灯产品的核心设计理念是拓展室内信息网络的覆盖范围，有效解决无线网络覆盖不佳以及网络冲突严重等问题。同时，作为现有无线电网络的一种有效补充，基于可见光通信高速绿色的技术特征，倡导一种独享带宽、绿色上网的新型网络生活方式。此外，处于人们对新技术、新体验、新产品的独特诉求，可以吸引一大批年轻用户群体。

该系统主要包括可见光高速台灯和可见光插卡设备，具体如图 4-11、图 4-12 所示。产品功能是针对室内用户上网速率受限、Wi-Fi 覆盖不佳以及电磁辐射严重等痛点，提供即插即用的高速绿色上网功能，为室内营造绿色高速网络空间。该系统网络数据通过吉比特以太网接入可见光高速台灯（同时支持电力线接入），可见光高速台灯将信息通过可见光通信发送至可见光插卡设备，移动终端通过 USB 连接可见光插卡设备实现绿色高速上网功能。

图 4-11　可见光台灯上网系统

图 4-12　可见光插卡设备

可见光台灯系统的核心技术指标如下。

① 高速台灯功率：<10 W。

② 可见光接卡设备功率：<2 W。

③ 通信速率：120 Mbit/s 和 400 Mbit/s。

④ 通信距离：0.3～1.0 m。

⑤ 通信技术：可见光通信技术、红外通信技术、以太网传输技术和 USB 传输技术。

⑥ 误码率：10^{-9}。

4.3.3 可见光云 VR 系统

虚拟现实（Virtual Reality，VR）技术是一种支持自主创建和体验虚拟世界的仿真系统，它利用计算机生成一种模拟的虚拟环境，通过信息融合、三维动态视景以及实体行为的计算机仿真系统，进而使用户沉浸到相关虚拟环境中。随着 VR 技术的发展，VR 的弊端也逐渐体现出来：设备昂贵，受限于当时的技术和成本，一套能够流畅运行 VR 游戏的个人计算机主机和头显设备动辄需要数万元；存在数据"辫子"，用户体验不佳。目前主流的 VR 头盔均存在用于传输数据的"辫子"，限制了体验者的移动范围，降低了体验感。

云 VR 技术就是将 VR 技术与云计算相结合，将本地的数据存储、计算等任务放到云端，利用云端超大的存储能力和强大的计算能力，极大降低设备成本。搭配超带宽传输网络，也可省去 VR 终端的"辫子"，提高用户的自由体验舒适度。

可见光云 VR 系统将可见光通信技术与云 VR 技术相结合，利用可见光通信宽带高速的技术优势，为云 VR 系统提供一种超宽带传输技术。

可见光云 VR 系统由可见光发送光源、VR 头戴式设备（VR 头盔）和云端主机组成。其中，可见光发送光源（如图 4-13 所示）安装于屋顶，采用以太网传输技术或光纤传输技术接入云端主机，采用可见光通信技术实现与可见光 VR 头盔之间的下行（灯到 VR 头盔）通信；VR 头戴式设备内含基于可见光通信芯片组的高速收发模块，用于接收可见光信号、发送红外信号；云端主机主要完成 VR 所需的数据存储、数据计算和内容渲染等工作，并通过以太网或光纤实现与可见光发送光源的数据交互。可见光射灯，如图 4-14 所示。

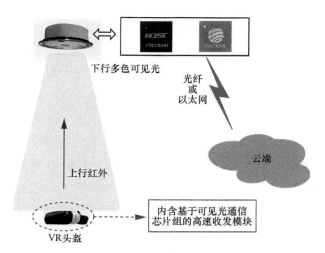

图 4-13　可见光云 VR 系统原理

图 4-14　可见光射灯

可见光云 VR 系统技术指标如下。

① 通信速率：1～5 Gbit/s。

② 传输距离：1～3 m。

③ 通信方式：上行红外、下行四色可见光。

④ 网络接口：万兆以太网、玻璃光纤。

⑤ 承担业务：蓝光高清视频、虚拟现实业务。

4.4　公共场所可见光高速上网系统

公共场所可见光高速上网应用的核心理念是利用可见光通信高速传输、局域覆盖的典型特点，通过格状分布的 LED 照明网络，将大型室内公共场所分割为若干网格区域，每个网格区域内采用低功率 Wi-Fi 进行覆盖。该网格区域内所有人群可以通过 Wi-Fi 或者有线接口享受高速网络服务，每个 Wi-Fi 子网络仅覆盖相应网格区域，因此可以有效避免大量用户同时接入同一 Wi-Fi 网络造成网络拥塞，或者多个大功率 Wi-Fi 网络之间的竞争冲突，实现单位面积内无线电频谱资源的大大提升。这种可见光通信网络与 Wi-Fi 网络的相互配合，可以保证每个用户平均接入速率的有效提升，大大增强用户体验。基于这种设计思路，还有一种解决方案是将若干 Wi-Fi 接入点架设在每个网格区域房顶的中心。但这种方案存在的问题是，由于无线电辐射的近似球形结构，使得每个网格区域内低功率 Wi-Fi 网络的覆盖效率至少降低 60%，从而大大降低了单位面积内承载的用户数，用户体验提升有限。因此，相比于这种解决方案，公共场所可见光高速上网应用具有更优的网络架构优势以及用户上网体验。公共场所可见光高速上网系统，如图 4-15 所示。

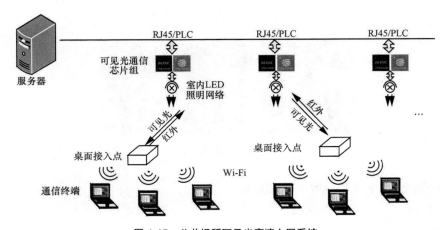

图 4-15　公共场所可见光高速上网系统

有灯就有电线，VLC 与 PLC 具有天然的融合性，VLC 与 Wi-Fi 特性相差较大，有两种融合体系结构：一是嵌入式融合，即上行采用 Wi-Fi、下行采用 VLC 或 Wi-Fi，该方式为 VLC、Wi-Fi 资源联合优化提升网络吞吐量和服务质量（Quality of Service，QoS）提供了网络体系结构方面的基础，是两者的深度融合方式，但存在资源分配算法复杂、大量现有的 Wi-Fi 终端需要改造的问题；二是跨接式融合，即 VLC 网络与 Wi-Fi 网络通过工作在二层的桥接器互联，桥接器完成两种网络的协议转换，Wi-Fi 终端不需要改造。

考虑室内通信终端基本没有光通信接口，但一般都具备 Wi-Fi 通信接口，为保护已有投资避免大规模改造通信终端，提出 VLC、PLC 与 Wi-Fi 融合网络的体系架构，如图 4-16 所示。

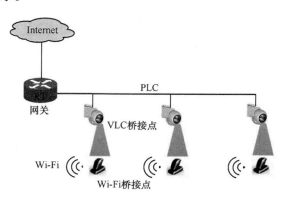

图 4-16　VLC、PLC 与 Wi-Fi 融合网络体系架构

在该网络架构中，VLC 与 Wi-Fi 融合采用跨接式融合方案，通过 Wi-Fi 桥接设备将光信号转换成 Wi-Fi 信号，达到每间房屋的 Wi-Fi 信号全覆盖，从而使大量现有的室内通信终端享受高速信息服务。

该应用的桌面接入点——光伴侣（Table-Fi）通信系统，如图 4-17 所示，主要是针对大型公共场所高速高密度条件下 Wi-Fi 体验不佳的痛点，提供光小区+小功率 Wi-Fi 结构的无线网络接入功能，并支持 RJ45 接入。该产品将 PLC/VLC/ Wi-Fi 三者深度融合，解决大型公共区域 Wi-Fi 覆盖不好、体验不佳等问题。该产品的系统组成是网络数据通过电力线宽带通信接入高速型智慧灯，智慧灯设备将信息通过可见光通信发送至光伴侣。该移动终端内置功率可调的 Wi-Fi 模块，实现光小区内部区域的无线信息覆盖。

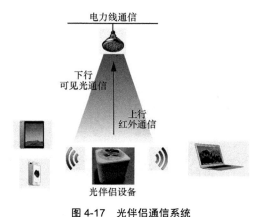

图 4-17　光伴侣通信系统

光伴侣设备的核心技术指标如下。

① 高速智慧灯功率：<20 W。

② 桌面移动终端功率：<2 W。

③ 可见光通信物理层传输速率：200 Mbit/s。

④ 可见光无线通信距离：3～5 m。

⑤ 电力线通信物理层传输速率：200 Mbit/s。

⑥ 电力线无中继有线通信距离：100 m。

⑦ 电力线通信协议：HomePlug AV。

⑧ Wi-Fi 通信协议：IEEE 802.11n 1T1R MAC/BBP。

|4.5 办公场所可见光安全网络系统 |

办公场所可见光安全网络（如图 4-18 所示）主要采用可见光通信技术、红外通信技术以及以太网传输技术搭建局域网络，实现特定区域内终端的互联，高速、便捷。该局域网主要是基于无线局域网通信协议，结合可见光通信技术和红外通信技术而成，即移动终端与 LED 照明灯之间通信，下行（灯到终端）采用可见光通信技术，上行（终端到灯）采用红外通信技术；灯与灯或灯与非移动式终端之间通信，采用以太网传输技术。

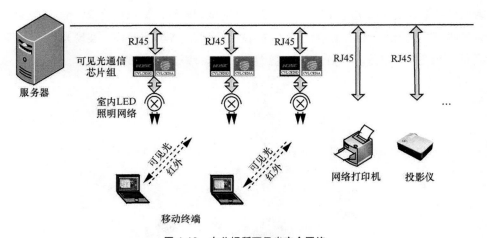

图 4-18　办公场所可见光安全网络

办公场所可见光安全网络利用可见光通信芯片组，实现特定办公场所内终端间的互联。具体的应用模式：终端将传输数据经过光链路发送至合适的照明 LED 光源，LED 光源再将数据经过以太网，上传至服务器；数据经过服务器处理以后，服务器基于互联网协议（Internet Protocol，IP）地址，将相关数据通过以太网、光链路，下发给目标终端。该系统主要包括服务器、室内照明网络、移动终端以及非移动式终端。其中，会议室可见光安全局域网，如图 4-19 所示。

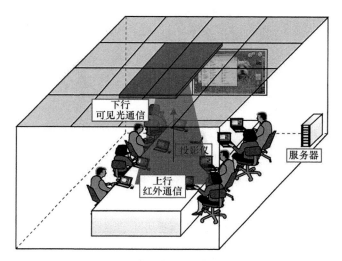

图 4-19　会议室可见光安全局域网

服务器作为办公场所可见光安全网络的"主脑"，主要功能就是实现局域网络内信息传输的控制，比如控制会议投影的切换、打印机文件打印的顺序、文件传输的权限等。

室内照明网络作为办公场所可见光安全网络的重要组成部分，主要功能就是实现吉比特以太网通信协议与光通信（下行可见光通信、上行红外通信）协议的转换。LED 灯具如图 4-20 所示，主要包括 LED 照明光源（作为照明器件的同时，实现可见光通信的信号发射功能）、红外接收器件（接收移动终端发送的红外信号）、RJ45 网络接口、220 V AC 电源接口以及其他相关电路。

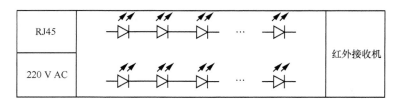

图 4-20　LED 灯具

移动终端（包括便携式计算机、手机等）通过 USB 插拔式设备接入可见光安全办公网络，其接入局域网络如图 4-21 所示。USB 插拔式设备主要包括可见光接收器、红外发射器以及其他相关电路，实现光通信协议与 USB 串口协议的转换，使移动终端接入可见光安全办公网络，方便、快捷。

图 4-21　移动终端接入局域网络

非移动式终端主要包括投影仪、网络打印机等仪器，其主要采用以太网传输技术，接入可见光安全办公网络。

可见光安全办公网络的主要技术指标如下。

① 通信技术：可见光通信技术、红外通信技术、吉比特以太网通信技术。

② 通信速率：上下行速率 120 Mbit/s。

③ 编码方式：8B/10B、RS 纠错。

④ 同一区域内最多可接入用户量：32。

⑤ 通信距离：2～3 m。

⑥ 通信视场角度：120°。

⑦ 误码率：10^{-9}。

可见光安全办公网络的技术优势如下。

（1）完全国产，自主产权

可见光通信设备的核心芯片为可见光通信芯片组，该芯片组为我们团队自主研发完成，具有完全自主知识产权，其余配套器件（LED 灯芯等）均为国产器件。

（2）安全可控，布设便捷

可见光通信射灯的发光角度均可调，用户可以通过调整射灯的发光角度，限制室内每个包含信息的 LED 光源的光照范围，控制每个 LED 信号源发送信号的范围，进而当同一房间内的不同终端需要接收不同信息时，通过调整 LED 射灯的发光角度可以确保同一房间内的不同终端之间无法相互窃取信息，确保通信的安全性。针对室外信息窃取而言，会议室中的用户只需拉上窗帘，使室内的光透不到室外，避免光信号泄露，即可防止信息被室外非法用户窃取，进一步确保会议的安全性。安全性示意，如图 4-22 所示。此外，参会人员只需一款可见光接收设备，即可接入会议室局域网，不需要布线。

(a) 室内无法窃取信息　　　　　　　　(b) 室外无法窃取信息

图 4-22　安全性示意

（3）高速传输，绿色环保

与 Wi-Fi 系统相比，可见光通信系统具有较高的信道容量。在现行的 Wi-Fi 网络中，平均每个用户的接入容量都没有超过信道容量；可见光通信系统则利用了可见光的空分优势，对每个用户的接入带宽均分。对比可知，随着用户数的增多，可见光通信系统的优势越来越明显。这是由于可见光通信系统通过调整 LED 射灯的发光角度，使其信道可近似看成独立信道，当用户数增多时，通信带宽不会被划分；而 Wi-Fi 系统的容量性能取决于信号功率、路径损耗、干扰水平、并发用户数量、Wi-Fi 组网方式等因素，其信道为共享信道（CSMA/CA 协议），随着用户数目的增多，不同用户之间的竞争也就越多，竞争导致各个用户的等待时间也会随之增加，进而总的吞吐量降低。

此外，可见光安全会议室采用光通信技术搭建局域网，利用照明灯发送信号，无电磁辐射，绿色环保，布设方便，且极大地降低通信成本。

（4）灵活组网，权限可控

可见光会议室可以通过服务器使室内不同的射灯之间搭建多个局域网，一个会议室中局域网的个数、每个局域网中射灯（用户）的个数均可控，而且通过服务器还可指定不同局域网具有不同的权限等级，进而实现不同权限局域网中的用户只可以查看相应权限的文件以及处于权限高的局域网中的用户具有相关业务处理的优先权。

以公开招标会为例，详细描述可见光安全会议室灵活组网、权限可控的优势。招标会在现在社会中非常普遍，其具体的参会人员主要包括项目甲方（招标方代表）、评审专家（3～5 人）以及相关投标方的代表。在招标会中主要涉及甲方和评审专家评标并打分、投标人单独澄清及二次报价、甲方和评审专家决定中标方。以这 3 个招标会流程为例，可见光安全会议室在灵活组网、权限可控性方面有很大的应用优势。其应用场景如图 4-23 所示。

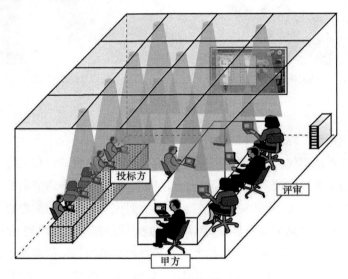

图 4-23　应用场景

（5）全光网络，无电磁泄露

可见光安全会议室中灯与灯（或非移动式终端）之间采用塑料光纤（Plastic Optical Fiber，POF）互联、灯与移动终端之间采用可见光链路和红外链路互联，进而搭建全光链路局域网络，有效避免信息泄露等问题。通过我们团队研发的可见光通信芯片组可以直接使用塑料光纤，搭建通信网络。可见光安全会议室系统，如图 4-24 所示。

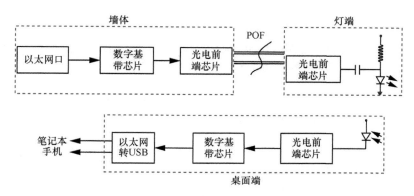

图 4-24 可见光安全会议室系统

| 4.6 小结 |

本章基于可见光芯片面向室内高速传输需求，分别介绍了可见光通信技术在智慧家庭、公共场所、办公网络的应用，展现了可见光通信技术在室内的应用，凸显出可见光通信技术潜在的产业链在可见光芯片、专用标准模块的催化下将得到迅猛发展。

| 参考文献 |

[1] HARUYAM H, HARUYAM S, NAKAGAWA M. Brightness control methods for illumination and visible-light communication systems[C]//the 3rd International conference on Wireless and Mobile Communications, March 4-9, 2007, Guadeloupe. Washington DC: IEEE Computer Society, 2007: 442-447

[2] 林晨舟. 室内高速高密度可见光通信系统的设计与实现[D]. 郑州: 信息工程大学, 2016.

[3] ZENG L B, O'BRIEN D C, MINH H L, et al. High data rate multiple input multiple output (MIMO) optical wireless communications using white led lighting[J]. IEEE Journal on Selected Areas in Communications, 2009, 27(9): 1654-1662.

[4] ZHANG X, CUI K Y, ZHANG H M, et al. Capacity of MIMO visible light communication channels[C]//the Photonics Society Summer Topical Meeting Series, July 9-11, 2012, Seattle. Piscataway: IEEE Press, 2012: 159-160.

[5] CHEN T, LIU L,TU B, et al. High-spatial-diversity imaging receiver using fisheye lens for

indoor MIMO VLCs[J]. IEEE Photonics Technology Letters, 2014, 26(22): 2260-2263.

[6] ASHOK A, GRUTESER M, MANDAYAM N, et al. Challenge: mobile optical networks through visual MIMO[C]//the 16th Annual International Conference on Mobile Computing and Networking, September 20-24, 2010, Chicago. New York: ACM Press, 2010: 105-112.

[7] JEGANATHAN J, GHRAYYEB A, SZCZECINSKI L. Spatial modulation: optimal detection and performance analysis[J]. IEEE Communications Letters, 2008, 12(8): 545-547.

[8] SAFARI M, UYSAL M. Do we really need OSTBCs for free-space optical communication with direct detection?[J]. IEEE Transactions Wireless Communications, 2008, 7(11): 4445-4448.

[9] MESLEH R Y, HAAS H, SINANOVI'C S, et al. Spatial modulation[J]. IEEE Transactions Vehicular Technology, 2008, 57(4): 2228-2241.

[10] MESLEH R, MEHMOOD R, ELGALA H, et al. Indoor MIMO optical wireless communication using spatial modulation[C]//IEEE International Conference on Communications, May 23-27, 2010, Cape Town. Piscataway: IEEE Press, 2010.

[11] PEREZ-RAMIREZ J, BORAH D K. A single-input multiple-output optical system for mobile communication: modeling and validation[J]. IEEE Photonics Technology Letters, 2014, 26(4): 368-371.

[12] POPOOLA W O, POVES E, HAAS H. Spatial pulse position modulation for optical communications[J]. Journal of Lightwave Technology, 2012, 30(18): 2948-2954.

[13] SAHA N. Analysis of imaging diversity for MIMO visible light communication[C]//ICUFN, July 8-11, 2017, Shanghai. Piscataway: IEEE Press, 2014.

[14] COJOCARIU L N, POPA V. Design of a multi-input-multiple-output visible light communication system for transport infrastructure to vehicle communication[C]//12th International Conference on Development and Application Systems, May 15-17, 2014, Suceava. Piscataway: IEEE Press, 2014.

[15] CHEN J, HONG Y, YOU X D, et al. Conceptual design of multi-user visible light communication systems over indoor lighting infrastructure[C]//2014 9th International Symposium on Communication Systems, Networks & Digital Sign (CSNDSP), July 23-25, 2014, Manchester. Piscataway: IEEE Press, 2014: 1154-1158.

[16] NUWANPRIYA A, HO S W, CHEN C S. Indoor MIMO visible light communications: novel angle diversity receivers for mobile users[J]. IEEE Journal on Selected Areas in Communications, 2015, 33(9): 1780-1792.

[17] ELGALA H, MESLEH R, HASS H. Indoor optical wireless communication: potential and state-of-the-art[J]. IEEE Communications Magazine, 2011, 49(9): 56-62.

[18] MESLEH R, ELGALA H, HAAS H. Optical spatial modulation[J]. Journal of Optical Communication Networks, 2011,3(3): 234-244.

[19] RENZO M D, HAAS H, GHRAYEB A, et al. Spatial modulation for generalized MIMO: challenges, opportunities and implementation[J]. Proceedings of the IEEE, 2014, 102(1):

56-103.

[20] HALDER A, BARMAN A D. Improved performance of colour shift keying using voronoi segmentation for indoor communication[C]// NUSOD, September 1-14, 2014, Palma de Mallorca. Piscataway: IEEE Press, 2014: 109-110.

[21] THOMAS Q, WANG Y, SEKERCIOGLU A, et al. Hemispherical lens based imaging receiver for MIMO optical wireless communications[C]//2012 IEEE Globecom Workshops, December 3-7, 2012, Anaheim. Piscataway: IEEE Press, 2012.

[22] PROAKIS J G. Digital communications (fourth edition) [M]. 北京: 电子工业出版社，2003.

[23] MONDAL R K, SAHA N, JANG Y M. Performance enhancement of MIMO based visible light communication[C]//International Conference on Electrical Information and Communication Technology, February. 13-15, 2014, Khulna. Piscataway: IEEE Press, 2013.

[24] WANG T Q, GREEN R J, ARMSTRONG J. MIMO optical wireless communications using ACO-OFDM and a prism-array receiver[J]. IEEE Journal on Selected Areas in Communications, 2015, 33(9): 1579-1591.

[25] DAMBUL K D, O'BRIEN D C, FAULKNER G. Indoor optical wireless MIMO system with an imaging receiver[J]. IEEE Photonics Technology Letters, 2011, 23(2): 97-99.

[26] HRANILOVIC S, KSCHISCHANG F R. Optical intensity-modulated direct detection channels: Signal space and lattice codes[J]. IEEE Transactions on Information Theory, 2003, 49(6): 1385-1399.

[27] BEKO M, DINIS R. Systematic method for designing constellations for intensity-modulated optical systems[J]. IEEE Journal Optical Communications and Networking, 2014, 6(5): 449-458.

[28] ROUTRAY S K. The changing trends of optical communication[J]. IEEE Potentials, 2014, 33(1): 28-33.

[29] HRANILOVIC S, KSCHISCHANG F R. Optical intensity-modulated direct detection channels: signal space and lattice codes[J]. IEEE Transactions on Information Theory, 2003, 49(6): 1385-1399.

[30] MOSTAFA A, LAMPE L. Pattern synthesis of massive LED arrays for secure visible light communication Links[C]//IEEE ICC 2015-Workshop on Visible Light Communications and Networking (VLCN), June 8-12, 2015, London. Piscataway: IEEE Press, 2015: 1350-1355.

[31] LEE K, PARK H, BARRY J R. Indoor channel characteristics for visible light communications[J]. IEEE Communications Letters, 2011, 15(2): 217-219.

[32] BEKO M, DINIS R. Systematic method for designing constellations for intensity-modulated optical systems[J]. IEEE Journal of Optical Communications and Networking, 2014, 6(5): 449-458.

[33] BUTALA P M, ELGALA H, LITTLE T D C. Performance of optical spatial modulation and spatial multiplexing with imaging receiver[C]//IEEE Wireless Communications and Networking Conference, April 6-9, 2014, Istanbul. Piscataway: IEEE Press, 2014: 394-399.

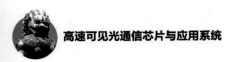
[34] KOMINE T, NAKAGAWA M. Fundamental analysis for visible light communication system using LED lights[J]. IEEE Transactions on Consumer Electronics, 2004, 50(1): 100-107.

[35] 袁伟超, 杨睿哲等. MIMO 相关技术与应用[M]. 北京: 机械工业出版社, 2006.

[36] YING K, QIAN H, BAXLEY R J, et al. Joint optimization of precoder and equalizer in MIMO VLC systems[J]. IEEE Journal on Selected Areas in Communications, 2015, 33(9): 1949-1958.

[37] PATHAK P H, FENG X T, HU P F, et al. Visible light communication, networking, and sensing: a survey, potential and challenges[J]. IEEE Communications Surveys & Tutorials, 2015, 15(4): 2047-2077.

[38] GRUBOR J, RANDEL S, LANGER K D, et al. Broadband information broadcasting using LED-based interior lighting[J]. Journal of Lightwave Technology, 2008, 26(24): 3883-3892.

[39] 付红双. 可见光通信中的空间调制技术研究[D]. 郑州: 信息工程大学, 2014.

[40] MONDAL R K, SAHA N, JANG Y M. Performance enhancement of MIMO based visible light communication[C]//2013 International Conference on Electrical Information and Communication Technology (EICT), February 13-15, 2014, Khulna. Piscataway: IEEE Press, 2013: 1-5.

[41] SON T T, MINH L H, MOUSA F, et al. Adaptive correction model for indoor MIMO VLC using positioning technique with node knowledge[C]//2015 International Conference on Communications, Management and Telecommunications, December 28-30, 2015, DaNang. Piscataway: IEEE Press, 2015: 94-98.

[42] DROST R J, SADLER B M. Constellation design for channel precompensation in multi-wavelength visible light communications[J]. IEEE Transactions on Communications Year, 2014, 62(6): 1995-2005.

第 5 章

高速可见光信息安全导入系统

目前，很多国家机关和事业单位的重要业务系统都处于内部网络环境，对于内部网络的保护，通常采用物理断开的方法，而业务系统需要的基础数据却来自外部业务网络，甚至互联网，物理断开造成了应用与数据的脱节，影响了政府的行政效率和全面信息化。如何实现内部信息系统与外部网络之间的连接，成为我国信息化建设中一个亟须解决的问题。基于专用芯片组，本章将深入分析高速可见光信息安全导入系统的工作原理与关键技术，并介绍根据不同应用场景及环境衍生出一系列的可见光单向安全传输设备。

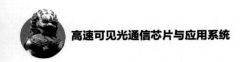
| 5.1　引言 |

　　计算机和网络技术的高速发展，使网络的互联互通成为不可逆转的趋势，同时也对计算机内部数据的安全防护提出了更高的要求。为了确保内部敏感信息和数据的安全，重要机构设立了不同保密级别的计算机网络，同时在网络之间进行物理隔离，以确保数据的安全。但在实际工作中，处于高密级网络的工作人员经常需要从低密级网络中获取各类信息资源，因此单向传输设备应运而生。高速可见光信息安全导入系统，实现了不同网络与设备之间的数据和文件的安全的、便捷的单向传输，同时确保高密级网络（设备）数据不向低密级网络（设备）泄露。

| 5.2　信息安全导入设备的研发背景与意义 |

　　目前互联网发展迅速，大多数信息需要从互联网中获取，但是随着网络的发展，产生了许多安全问题，最显著的是信息泄露。而一些单位，比如政府部门、公安部门、银行等对内网信息保密性要求比较高。所以亟须一款既能保证正常获取互联网信息又能保证内部网络信息安全的产品。经过刻苦的攻关，针对这些用户的需求研发了可见光单向实时在线摆渡设备。该产品主要是针对信息单向传输，防止内网信息的泄露。

5.2.1　国外研究现状

1999 年，美国开始强制要求军方内部网络必须与国际互联网断开，实现绝对的物理隔离。因此，美国在网络安全隔离条件下的信息交换传输方面有相对较成熟的技术和产品。公开报道的主要有美国鲸鱼（Whale）公司的电子闸（e-GAP）产品和前锋（Spearhead）公司的网闸（NetGAP）产品。e-GAP 采用专用硬件断开内部网络和外部网络的链路连接，通过交换模块实现网页访问、邮件以及文件等信息的数据交换。NetGAP 直接连接内外两个网络，通过插在计算机外设部件互连（Peripheral Component Interconnect，PCI）槽内的电路板与低压差分信号总线一起实现了"GAP 反射"技术。每一个 PCI 槽内的电路板包含一对双开关结构，确保了在两个网络之间完全的电路物理隔离。数据分组从外网传至内网需要经过会话终止、数据剥离、代码扫描、数据恢复、会话再生等过程，以确保内网的安全性。

当前，美国军方、重要政府部门陆续采用了物理隔离技术来保障信息安全。但是由于这些物理隔离技术涉及国家安全问题，相关报道较少。

5.2.2　国内研究现状

随着计算机信息化建设的迅速发展，对于不同安全级别网络之间的信息安全交换需求越来越急迫，目前国内常见的解决方案如下。

（1）基于软件级别的安全加固传输系统

在一台主机上同时运行两台独立的虚拟机 A 和虚拟机 B。虚拟机 A 仅为外网方向提供上传服务，虚拟机 B 仅为内网方向提供下载服务，主机直接通过本地硬盘读写单向转移数据；同时在主机上配置全局策略，利用虚拟机无法突破主机的全局策略这一特性，使虚拟机 A 与虚拟机 B 形成一种等效的隔离。这种方式的优点是不需要增加额外的设备，只需要安装一套安全软件，但是其本质上不属于物理隔离，与现有的安全规范不相符。

（2）基于光纤的数据单向传输系统

这种方案利用一根单模光纤连接两台属于不同网络的主机，源端的电信号经过光模块的发射后转变为光信号，光信号经过光纤的传递后，接收端的光模块将其转换为电信号，进而被接收端的主机接收。这种方式可以实现一个方向的数据传输，在另一个方向没有任何反馈信号，但是这种方式仅仅实现了电信号的物理隔离，而没有实现光信号的物理隔离，在一些安全要求苛刻的场所，未被采用。

5.2.3　研究意义

由于网络技术的高速发展，计算机所展现的巨大便利性使其迅速在各行各业得以运用和普及，网络信息技术的高速发展使信息化建设成为各部门单位的重点建设项目之一，比如政府、公安部门、银行等重要机构和企业。同时，计算机网络的开放性也使得信息泄露、网络攻击、网上犯罪等安全问题时有发生。采用以防火墙为核心的网络边界防御体系只能够满足信息化建设的一般性安全需求，难以解决内部信息系统等重要网络的保护问题。对于内部网络的保护，我国一直采用物理断开的方法，国家保密局在《计算机信息系统国际联网保密管理规定》中将内部信息系统的安全防御要求定格为与任何外部信息系统必须物理断开。目前，很多部委、国家机关以及事业单位的重要业务系统都处于内部网络环境，而业务系统需要的基础数据却来自外部业务网络，甚至 Internet。物理断开造成了应用与数据的脱节，影响了政府的行政效率和全面信息化。如何实现内部信息系统与外部网络之间的连接，成为我国信息化建设中一个亟待解决的问题。

目前单向传输的实现方法主要有：利用协议实现单向传输、基于电路反向高阻实现单向传输、基于无线通信的单向传输设备以及基于光纤信号实现的单向传输设备。

其中利用协议实现单向传输，主要是指把两个或两个以上可路由的网络[如：传输控制协议（Transmission Control Protocol，TCP）/互联网协议（Internet Protocol，IP）]网络通过不可路由的协议[如：互联网分组交换（Internet Packet Exchange，IPX）/序列分组交换（Sequenced Packet Exchange，SPX）协议等]进行数据交换而达到隔离目的。由于其原理主要是采用了不同的协议，所以通常也叫协议隔离（Protocol Isolation）。这种方法实现的单向传输系统存在巨大安全隐患。

无线单向传输设备的安全隐患主要是接收天线与发射天线相同，同样可以辐射较强信号；有线单向传输安全隐患是传输媒介没有被物理隔断，反向链路几乎无损耗，仅仅依靠反向电路高阻实现传输单向性，接收端仍然存在发送信号的可能。

　　光纤单向传输与有线电信号单向传输相似，只是传输媒介换成了光纤而已，其安全隐患依然是传输媒介没有物理隔断，反向链路几乎无损耗，依靠反向电路高阻实现传输单向性，仍然存在信息泄露危险。

　　而基于可见光单向传输的单向性主要有以下因素保证。

　　（1）传输媒介为物理隔断

　　可见光单向传输设备在空间上使得收发双方彻底物理隔断。

　　（2）反向光信号的损耗

　　反向光信号的损耗主要来源于光学器件对反向光信号的扩散，根据目前产品采用的光学器件，反向链路损耗高达 60 dB。

　　（3）收发器件的单向导通性

　　发射器件 LED 以及接收端 PD 同为二极管，因此具有较强的单向导通性。当然，PD 作为二极管，依然有可能发射微弱的光信号，同理 LED 也能作为接收器件。但 PD 所辐射的光信号极其微弱，同时 LED 的接收能力同样极其微弱。

　　（4）设备均衡电路的滤波性

　　为了扩展 LED 的调制带宽，在发射前端放置了前置均衡电路，该电路在低频段具有 60 dB 衰减。若反向链路有光信号辐射过来，进入 LED，从而到达均衡电路端，则同样会对该信号造成 60 dB 的衰减。

　　可见，相对于前面的单向传输技术，可见光实现的单向传输反向链路隔离度更高，数据泄露的安全隐患更低。

5.3　可见光单向信息安全传输设备

5.3.1　信息安全导入系统原理

　　由于可见光的单向传输、易于遮挡等特性，使其在信息传输方面具有良好的保密效果。系统以自主研发的可见光通信芯片组为核心，研制出相应的可见光通信模块；以此可见光通信模块为基础，搭建了可见光信息安全导入系统，实现单向信息传输。产品通过以太网口与计算机通信，发送端计算机与产品的吉比特网口相连，接收端计算机与产品的另一吉比特接口相连，通信过程从物理层到应用层都为单向传输，达到物理隔离的效果，安全性高。

系统方案如图 5-1 所示。硬件上电启动后，发送端计算机运行信息安全导入系统发送程序，通过程序界面就可以选择计算机磁盘中的文件，选中特定文件后单击发送按钮，即可以通知发送协议程序发送所要传输的文件，发送协议程序利用套接字（Socket）通过吉比特接口将数据传送至以太网端口物理层（Port Physical Layer，PHY）芯片中，以太网 PHY 芯片通过吉比特媒体独立接口将网络数据最终发送到数字基带芯片中，数字基带芯片控制硬件程序将数据传输到光电前端芯片中，光电前端芯片将信号调制到 LED 灯上，LED 将加载有信号的光在自由空间中传输；接收端 PD 收到光信号后，使用光电前端芯片对光信号进行放大、均衡等处理，将光信号还原为电信号传输至数字基带芯片中，数字基带芯片将收到的信号进行解调、译码等步骤后，通过 GMII 传输至以太网 PHY 芯片中，以太网 PHY 芯片通过吉比特接口与接收终端计算机相连，并在终端上运行系统接收程序，接收协议解析程序解析数字基带芯片，利用套接字通过吉比特接口传输过来的数据并显示相应状态，当文件接收成功后，会在接收终端的接收程序界面中将文件列出，在接收终端就可以直接访问此文件。

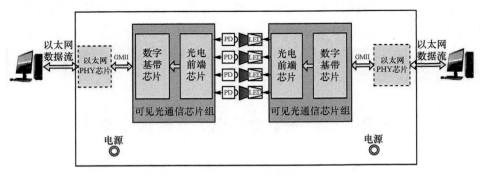

图 5-1　基于可见光的信息安全导入系统方案

系统利用可见光通信的高速传输、定向辐射的特性，将外部网络的信息单向传入内部网络，实现安全保密通信。其实现如图 5-2 所示。

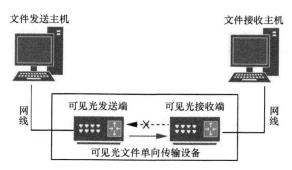

图 5-2 基于可见光的信息安全导入系统实现

信息安全导入系统包括可见光单向传输设备、运行于外网网关上的发送端应用软件和运行于内网网关上的接收端应用软件，其中核心是可见光单向传输设备的研发。系统将从外部网络获取的数据信息下载到外网服务器，通过数据接口传送给数字基带芯片，数字基带芯片将数据按照设备自定协议进行数据封装后，通过光电前端芯片进行预均衡、驱动等操作最终送往 LED 进行信号发送。接收设备的 PD 将接收的可见光信息送到光电前端芯片进行相应的处理，再转入光电前端芯片进行数据恢复，还原过的数据通过数据接口传送到内网服务器，通过内网服务器送入内部网络。整条链路内部和外部网络之间的物理隔离由可见光的单向传输性保证。这种单向传输性是直观可见的。对于安全保密要求较高的用户，还可以采取额外的电磁屏蔽措施来隔离收发端，以保证无隐藏的反向链路存在，系统具有很高的安全性。同时，可见光对准容易，对人体健康无损害，用户使用方便。在物理层传输速率方面，可达到 1 Gbit/s 以上，且速率还可以提升，完全胜任内网对外网的海量数据需要。

5.3.2 关键技术与实现途径

1. 带宽扩展技术

信息在网络中传输，多伴随着不同网络间信息的交互，导致一方信息被另一方窃取，从而造成信息泄露。由于光是沿单向传输的，且具有易遮挡等特性。使其在信息安全传输方面具有很大的优势，成为热门研究方向。可见光单向传输设备几乎与其他无线通信一样，同样包含信源、编码、调制、解调、译码以及信宿。与一般无线通信不同的是可见光通信发射端以及接收端采用单向 LED 以及 PD[1-18]。

但现有技术没有绝对的单向性。目前有文章谈及在光强较强时，利用 LED 作为接收信号的 PD 使用。假设单向传输是从网络 A 向网络 B 的。若窃听者试图通过单向传输装置窃取网络 B 数据，利用 PD 作为发射端，使其发射光信号，同时利用 LED 作为"接收 PD"检测反向传输的光信号。窃听者试图建立反向传输链路理论上是可能的，因为 PD 本身也是二极管，具有发射光子的可能，只是这种光信号非常微弱；同时 LED 也是二极管且具有一定的光检测能力，只是 LED 的光检测能力非常微弱。虽然接收的信号很弱，但是还是存在信息泄露的安全隐患。

通过理论计算，可以得到正向链路信道容量以及反向链路的通信容量，通过两者比值可以得出，反向链路数据泄露的量级。计算条件为正向链路信噪比为 20 dB（实际链路会达到 40 dB），反向链路信噪比从 −100～−60 dB，调制方式为通断键控。因此当正向传输速率为 200 Mbit/s 时，反向传输速率可以达到数十 kbit/s。

本技术在可见光单向传输的基础上提升了系统的高频响应能力。从器件设计方面抑制了信息的反向回传，防止了信息泄露的安全隐患，确保了信息的单向传输。

本技术的关键部分是发送电路中的滤波器，其采用七阶无源高通滤波电路实现。它主要有两个功能，一是抑制反向链路的低频响应能力，二是提升正向链路的高频响应能力。具体结构如图 5-3 所示。

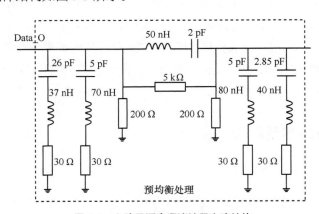

图 5-3　七阶无源高通滤波器电路结构

由图 5-3 可以看出该七阶无源高通滤波器为对称设计。针对不同型号的 LED，可通过调节图中所示电感、电容的数值达到抑制低频传输的最佳效果。

本技术采用前级高通滤波器电路，抑制反向链路的低速信息传输，提升单向传输设备的安全性能；采用前级高通滤波器电路，拓展正向链路的传输带宽，提升系统高频响应能力和信息的正向传输速率。

图 5-4 所示为原始电路幅频响应曲线。从图 5-4 中可以看出，系统 3 dB 带宽只有有限的 40 MHz，完全不能发挥光通信超高速率的优势。为了提升系统的高频响应能力，将前级预均衡电路应用到电路中，根据原响应特性来调整选择电路的各个参数。通过不断的尝试，最终选择预均衡电路参数如图 5-3 所示。此时，对应的均衡电路幅频响应曲线如图 5-5 所示，系统整体的幅频特性响应则如图 5-6 所示。从图 5-6 可以看出，通过均衡技术，系统的有效带宽提升到了约 400 MHz。七阶无源高通滤波器电路有效地提升了高频响应能力。

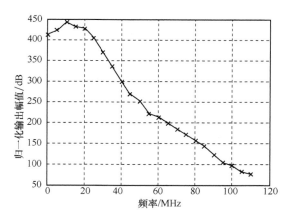

图 5-4　原始电路幅频响应曲线

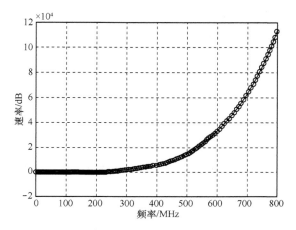

图 5-5　七阶无源高通滤波器电路幅频响应曲线

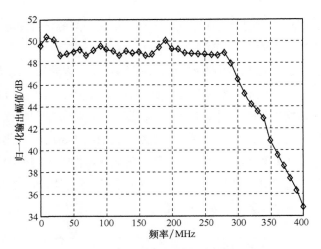

图 5-6　添加高通滤波电路后的整体幅频响应曲线

从图 5-5 曲线可以看出，频率在 100 MHz 与 800 MHz 情况下，传输速率相差大约 50.8 dB。传输速率在 100 MHz 的信噪比明显低于传输速率在 800 MHz 时的信噪比。因此本发明设计的高通滤波电路提升了系统正向高频响应能力，同时对于反向低频响应起到了抑制作用。

2. 通信系统收发端阵元法向量倾斜技术

本技术针对 VLC-MIMO 单向系统，通过对收发阵元法向量的指向进行优化研究，进一步降低接收端接收到的信号间的干扰，降低信道的相关性。

MIMO（N 个发送端、M 个接收端）的信道矩阵可表示为

$$\boldsymbol{H} = \begin{pmatrix} h_{11} & \cdots & h_{1j} & \cdots & h_{1N} \\ \vdots & & \vdots & & \vdots \\ h_{i1} & \cdots & h_{ij} & \cdots & h_{iN} \\ \vdots & & \vdots & & \vdots \\ h_{M1} & \cdots & h_{Mj} & \cdots & h_{MN} \end{pmatrix}_{M \times N}, 1 \leqslant i \leqslant M, 1 \leqslant j \leqslant N \tag{5-1}$$

矩阵元素 h_{ij} 表示第 j 个 LED 到第 i 个 PD 通信链路的直流增益，表达式如下。

$$h_{ij} = \begin{cases} \dfrac{(m+1)A}{2\pi d_{ij}^2} \cos^m(\theta_{ij}) TG \cos^k(\phi_{ij}), & 0 \leqslant \phi_{ij} \leqslant \psi_c \\ 0, & \phi_{ij} > \psi_c \end{cases} \tag{5-2}$$

其中，T 是滤波器增益，G 是透镜增益，m 是 LED 灯的调制阶数，k 是 PD 的视场

角系数，θ 是 LED 的发光角，ϕ 是 PD 接收光线的入射角，A 是接收 PD 的有效面积，d 是 LED 到 PD 的传输距离，ψ_c 是 PD 的视场角。可以看出，为了降低信号间的干扰，可以将收发端阵元的法向量进行倾斜，即改变 LED 发光角 θ 或改变 PD 入射角 ϕ。

　　LED 和 PD 的本质都是 PN 结，所以 PD 的接收模型与 LED 的发光模型类似，均是朗伯模型 $I = I_0 \cos^k(\phi)$，只不过 PD 接收模型的中心光强与 LED 的发光角 θ 有关。所以 PD 的接收模型可表示为

$$I_r = I_{t0} \cos^m(\theta) \cos^k(\phi) \tag{5-3}$$

其中，I_{t0} 是 LED 的中心光强、m 是调制阶数（$m = -\ln 2 / \ln \cos(\theta_{1/2})$），$\theta$ 是 LED 发光角，k 是视场角系数（$k = -\ln 2 / \ln \cos(\phi_{1/2})$），$\phi$ 是 PD 的入射角、$\theta_{1/2}$ 和 $\phi_{1/2}$ 分别表示 LED 的发光半功率角和 PD 的接收半功率角。所以 PD 和 LED 有一个对应关系，也就是 LED 和 PD 的法向量均可倾斜。

$$h_{ij} = \begin{cases} \dfrac{(m+1)A}{2\pi d_{ij}^2} \cos^m(\theta_{ij}) T_s(\phi_{ij}) g(\phi_{ij}) \cos^k(\phi_{ij}), & 0 \leqslant \phi_{ij} \leqslant \psi_c \\ 0, & \phi_{ij} > \psi_c \end{cases} \tag{5-4}$$

　　由式（5-4）可知 LED 法向量倾斜时对信道增益的影响权重主要取决于 m 值的大小，而 PD 法向量倾斜时对信道增益的影响权重主要取决于 k 值的大小。所以在一个通信系统中法向量倾斜的对象（包括 LED 和 PD）主要取决于调制阶数 m 和视场角系数 k 的大小。

　　在信道矩阵满秩的基础上，根据朗伯模型通过数值仿真得到通信系统的信道矩阵，从而确定每个 PD 上的干信比。因为我们的信道矩阵正常的行表示不同的 PD、列表示不同的 LED，所以这里所说的干信比就是指对应矩阵的行中非对角元素的平方和与对角线上元素的平方之比，第 j 个 PD 接收到的干信比的表达式可表示为

$$\gamma_j = \frac{\displaystyle\sum_{i \neq j}^N h_j^2}{h_{ij}^2}$$

其中，h_{ij} 表示第 j 个 PD 接收到第 i 个 LED 的信号直流增益。然后调节收发阵列的法向量，降低信道矩阵的干信比，并以最大干信比最小为优化目标对阵元的法向量方向进行优化。

由图 5-7 法向量垂直条件下 4 通道光强分布可知，在法向量垂直条件下，4 个通道的光线有一定的叠加，说明信道矩阵的干信比较大，信道条件差。由图 5-8 法向量倾斜条件下 4 通道光强分布可知，当对阵元的法向量方向进行相应的倾斜与优化，4 个通道的光线叠加情况有所改善，信道矩阵的干信比减小，信道条件得到改善。

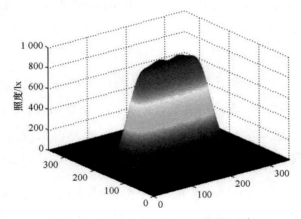

图 5-7　法向量垂直条件下 4 通道光强分布

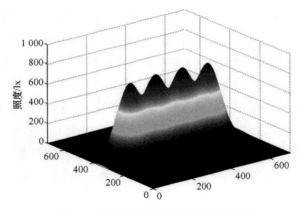

图 5-8　法向量倾斜条件下 4 通道光强分布

3. 单双向无线光协议转换技术

目前在互联网传输中多运用 TCP/IP，TCP/IP 即传输控制协议，是 Internet 最基本的协议、Internet 国际互联网络的基础，由网络层的 IP 协议和传输层的 TCP 协议组成。TCP 是面向连接的通信协议，通过 3 次握手建立连接，通信完成时要拆除连接。此协议有回传信息，与单向传输的设想相违背。这种情况会导致内网信息泄露到外网上，这对于信息的安全保密是很大的漏洞。

为保证可见光单向通信的过程中网络间信息的安全传输，研发了一套与之相匹配的单双向无线光协议，将双向 TCP/IP 协议转换为单向无线光协议进行传输。在接收端将单向无线光协议转化为双向 TCP/IP 协议，旨在解决信息传输过程中的交互、病毒携带等相关问题，实现两个网络间信息的单向传输，同时又能与当前的网络协议相匹配。以保证从外网正常获取数据为基础，设备内部采用独有的单双向无线传输协议，将从网络层获取的双向 TCP/IP 协议转换为单双向无线光协议进行数据传输，确保了信息在光通道中进行正常高速的单向信息传输。

（1）系统整体实现

本技术应用于单双向无线光传输系统，具体组成部分及系统流程，如图 5-9 所示，主要分为 3 个模块，分别是 ARM 处理器、直接存储器存取（Direct Memory Access，DMA）模块与数字基带芯片。

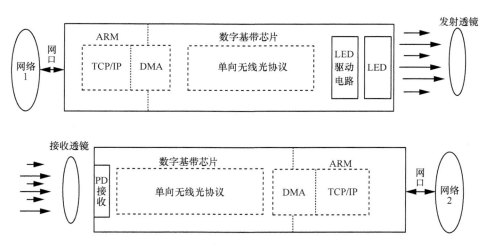

图 5-9　单双向无线光传输系统

① ARM 处理器。ARM 处理器主要作用是提供 TCP/IP 协议相关支持，处理 IP 数据分组；控制 DMA 传送数据；将 IP 数据分组数据解出并通过 DMA 发送或通过 DMA 接收数据并形成 IP 分组；提供系统配置、应用层接口等其他辅助功能。

② DMA 模块。在 ARM 系统的 DDR 内存和光发送/接收模块之间直接传递数据，

DMA 模块内部提供 1 个 FIFO，在 DMA 逻辑中时间数据按位分路合路。

③ 数字基带芯片。数字基带芯片主要负责可见光编码、帧同步逻辑、底层计数等功能。

（2）发送端数字基带芯片处理结构

发送端数字基带芯片处理结构，如图 5-10 所示。AXI 总线使用 MEMMAP 协议可以传递地址和数据，DMA 通过 AXI 总线直接读取 ARM 系统内 DDR 内存中的数据。

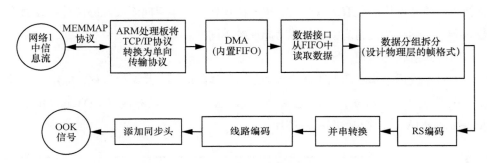

图 5-10　发送端数字基带芯片处理功能

ARM 给出的网络数据分组大小为 64 000 字节，传输给 DMA 时分解为 4 000 字节，由寄存器传递至 DMA 模块内部。ARM 系统（包括 ARM 内核和 DDR 内存）使用 AXI 总线 MEMMAP 协议与 DMA 连接，可以实现 ARM 对 DMA 内控制寄存器的寻址访问以及 DMA 直接寻址访问 DDR 内存。

在本系统中，ARM 首先将网口的数据读取下来，数据以字节为单位，数据帧长度可根据用户的需求进行设定，应用层一帧的数据长度为 4 000 的整数倍，默认设置为 64 kByte。在本系统中，选取 TCP 作为传输层协议，经过 ARM 处理过的应用层，一帧数据分组长度为 64 kByte，分为 16 个子帧数据分组，每个子帧数据分组的长度为 4 000 Byte。

① DMA 模块。从吉比特以太网输入的 TCP 数据经过 ARM 处理先进入内存中，然后配置 DMA 模块，通过 DMA 模块将数据从内存复制到 FIFO 中进行处理。在数据传输过程中，没有保存现场、恢复现场之类的工作。内存地址修改、传送字个数的计数等，也不是由软件实现，而是由硬件电路直接实现。

② 数字基带芯片模块。数据经由 DMA 进入数字基带芯片中，数字基带芯片底

层包含帧编号、帧内计数等底层计数安全传输功能。将 ARM 中传来的数据分组进行按序组合，并对上层传来的帧数及帧内数据位进行记录，然后将数据分组拆分，设计物理层帧格式。经过信道编码、并串转换、信源编码、添加同步等过程。然后使用单向无线光协议在光通道中进行数据的传输。

（3）接收端数字基带芯片处理结构

接收端数字基带芯片处理结构如图 5-11 所示。可见光接收模块完成可见光帧同步，记录收到的帧顺序、帧个数及帧内数据位。将数据分组拆分重组，将单向无线光传输协议转换成双向 TCP/IP 协议。提取数据并提交给 DMA 模块。

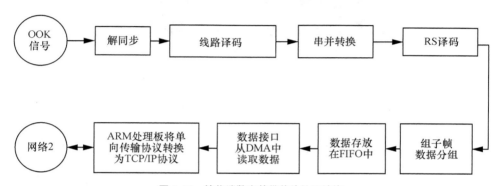

图 5-11　接收端数字基带芯片处理结构

本技术自定义单向光无线传输协议，将双向协议转换为单向协议，在单向传输的过程中从协议上确保了没有信息回传。在发送端、接收端 ARM 中分别实现 TCP/IP 协议解析和封装，在发送端将双向的 TCP/IP 转换为单向传输；在接收端将单向的传输协议转换为双向的 TCP/IP 协议。发送端数字基带芯片中实现了无线单向光传输中的信道编码、调制、线路编码等功能，接收端数字基带芯片与之相对应，且发送端数字基带芯片底层包含帧编号、帧内计数等底层计数安全传输功能。

5.3.3　机箱式可见光单向安全传输设备

可见光单向安全传输设备利用可见光通信技术，可以实现通信过程从物理层到应用层都为单向传输，达到物理隔离的效果，安全性高，传输速率为 1 000 Mbit/s，适用于政府、公安部门、银行等重要机构和企业。

机箱式可见光单向安全传输设备如图 5-12 所示，该设备采用标准 2U 机箱结构设计，主要应用于机房内部环境，将该设备直接放入机架即可。

图 5-12　机箱式可见光单向安全传输设备

5.3.4　分离式可见光单向安全传输设备

分离式可见光单向安全传输设备主要应用于内部网络与外部网络的不同机房场景中，在两机房相邻的墙上打一个与设备匹配的孔，将发送端放置在外部机房中，接收端放置在内部机房中，利用可见光的单向导通性，完成数据从外部网络向内部网络单向导入的功能。分离式可见光单向安全传输设备如图 5-13 所示。

图 5-13　分离式可见光单向安全传输设备

5.3.5　桌面式可见光单向安全传输设备

桌面式可见光单向安全传输设备适用于政府、公安、银行等重要机构和企业中，传输速率达 200 Mbit/s，满足从外部业务网络导入内部网络大量数据的业务需求。该设备无须放置在机架上，可放置于桌面上进行数据安全导入，相比于机箱式与分离式可见光单向安全传输设备，具有更高的便携性与便利性。桌面式可见光单向安全传输设备，如图 5-14 所示。

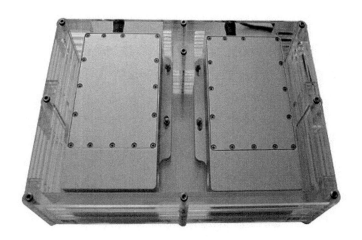

图 5-14　桌面式可见光单向安全传输设备

5.3.6　U 盘单向导入式可见光传输设备

目前，以 U 盘为主的存储介质已经在企业、政府和其他各种组织广泛使用。由于各行各业对计算机的依赖，计算机与计算机之间，外部存储介质与计算机之间的数据传输越来越频繁。在日常学习和工作中，人们几乎离不开 U 盘。但在享受移动存储介质为工作带来的便捷性的同时，计算机正面临着日益剧增的安全威胁。因为 U 盘使用而引发的信息安全问题屡屡发生，根据计算机安全机构及美国联邦调查局等权威机构的调查表明：超过 80%的信息安全源自于组织内部。政府及军事部门的计算机，一旦因使用 U 盘而产生泄密事件，后果将不堪设想[19-28]。

U 盘单向导入式可见光传输设备可安装在计算机软驱位，其利用了可见光通信的高速传输、定向辐射的特性，同时采用光隔离、电隔离技术，将移动存储设备内的信息单向传入计算机，实现安全保密通信。其设计如图 5-15 所示。

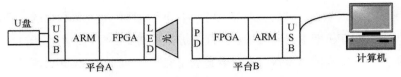

图 5-15　U 盘单向导入式可见光传输设备设计

　　该系统包括可见光单向 U 盘导入设备、上位机软件，其中核心部分是可见光单向 U 盘导入设备，如图 5-16 所示。系统从外设 U 盘获取数据，通过 USB 数据接口传送给平台 A 处理板，平台 A 处理板将数据按照设备自定协议进行数据封装后，通过设备基带信号处理、驱动电路，最终送往 LED 进行信号发送。可见光通信接收电路接收可见光信息送到平台 B 处理板进行处理后通过数据接口传送到计算机。由于可见光通信是单向的，只能把信息从外设传送到计算机，从而实现了保密安全通信。

图 5-16　可见光单向 U 盘导入设备

　　可见光单向 U 盘导入设备的主要功能有移动存储介质管理、外部数据单向导入、违规外联监控、I/O 端口控制、日志审计、数据导入模式控制。

| 5.4　系统安全性分析 |

5.4.1　光盘导入数据的安全性分析

将外网数据导入内网时，常常采用将外网数据刻录至按照常规方法不可重复写入的光盘（CD-R）中，然后将光盘放入内网设备光驱，从而完成一次数据导入。若完成数据导入后，工作人员及时将使用过的光盘进行物理上的彻底销毁，理论上这种数据导入方式无数据泄露，是安全的。此处彻底的物理销毁是指不能再从销毁后的光盘残留物读出任何数据的销毁方式，例如，及时将光盘焚烧。显然目前常用的光盘粉碎机将光盘粉碎后的残留物颗粒度较大，不能将光盘彻底物理销毁。理论上恢复这种残留物上的数据，是可能的。同时工作人员没有按照规定及时地销毁光盘，或者将完整的光盘泄露，则是更为严重的数据泄露隐患[29-35]。由此可见，光盘刻录也很难 100%消除内网数据的泄露隐患。下面根据 CD-R 数据读写的基本原理分析光盘泄露数据的可能性及"数据泄露速率"。

1. 光盘的基本原理及数据导入信道模型

1988 年日本利用有机染料发明了可记录光盘。通过对待写数据编码，并采用激光按照编码后的数据，对有机染料的烧蚀形成 Pits，未烧蚀的地方为 Land，从而完成数据的存储。在读数据时，一束低功率激光照射到光盘表面，烧蚀位置对激光的反射系数较小，未烧蚀的位置反射系数较大，通过检测反射光强的变换完成数据的读入。目前，光盘读数据时在光强发生变化时为 1，未变化时为 0。

从信息论的角度分析，利用光盘将外网数据导入内网的过程，可以看作是一种中继通信。其信道模型可抽象为中继信道模型，在此，外网服务器为信源，而光盘为中继通信模型中的中继节点，内网服务器为信宿。该中继信道包括信道 1 和信道 2，如图 5-17 所示。

若存在恶意攻击者，则内网服务器与攻击者数据导入服务器之间，同样构成了中继信道：反向信道 1 和反向信道 2。此时光盘与内网服务器之间构成了双向信道，恶意攻击者的数据导入服务器为反向信道的信宿，如图 5-18 所示。

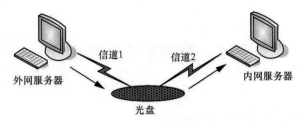

图 5-17　光盘数据导入信道模型

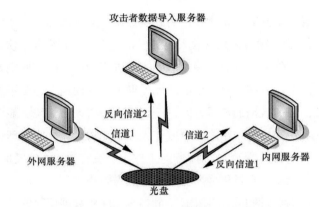

图 5-18　恶意攻击时光盘数据导入信道模型

2. 光盘泄露隐患分析

利用光盘进行数据的导入，其安全与否取决于是否能切断反向中继信道。而切断反向中继信道有两种方式：① 切断反向信道 1，即不允许内网服务器的光驱进行写操作，或者利用光盘物理特性无法进行写操作；② 切断反向信道 2，一般采用工作规章制度切断该信道，例如前面所述，要求工作人员导入数据后，彻底销毁在内网使用过的光盘。下文将这两种反向信道的切断方法称为 A 模式和 B 模式。

A 模式的安全性即是否能够完全切断反向信道 1。光盘中有机染料层被激光高温熔化后是无法恢复原来特性的，这由光盘有机染料层的物理、化学特性所决定。但这并不代表光盘中被写入数据的区域不可写入其他数据。

为了与 CD 只读存储器（Read Only Memory，ROM）兼容，同时提高读数据的准确率，光盘写入时采用了 8-14（EFM）的编码方式，同时加入 3 bit 合并码，编码后的数据 1 与 1 之间最少间隔 2 个 0，最多间隔 10 个 0，这被称为游程规则，记作 RLL（2，10）。该编码一个显著的特点是，码字中 1 的个数较少。这为恶意攻击者预留了数据再写入的可能。为了安全，一般内网服务器光驱设定只能读光盘数据而不能写入。但内网设备被木马控制时，在读的同时可以适当调高光驱激光发射器的功率，从而使得数据写入的物理条件得到满足。此时，可以采取以下方案在不改变 EFM 编码规则的前提下，进行木马数据的写入。

① 木马程序将光盘数据按照顺序读出，并按照字节分段。

② 木马写入数据映射规则如下：若待写入数据为 1，则将对应字节 1 的个数改为 1 奇数。例如，若对应读出数据字节中 1 的个数为偶数，则在合适的位置插入 1，使 1 的个数为奇数，若数据字节中 1 的个数恰好为奇数 1，则不做任何改变，将原来数据字节写入。若木马写入数据为 0，则将对应字节中 1 的个数改为偶数，操作类似 1 的写入。

③ 控制光驱激光功率，将改写后的数据，重新写入光盘。

从概率统计的角度分析，木马按照上述规则写入数据时理论上 50%可能不需要改变字节 1 个数的奇偶性。剩余的 50%的数据需要更改原光盘数据 1 个数的奇偶性。

按照上述规则，木马需要两个条件才能成功地将某一比特数据写入光盘已经覆盖数据的区域：① 插入的 1 刚好处于该字节的 Land（即该字节中激光未烧蚀的区域）。② 对应的 EFM 码允许写入 1 而没改变 EFM 编码规则。因此，若不考虑光盘的物理损坏，木马写入数据出错的原因有两个：① 写入时若插入的 1 刚好处于 Pits 区域（已经被激光烧蚀的区域）会造成 1 无法插入，从而造成数据写入错误。CD 中 Pits 与 Land 的个数大致相同，数据写入时遇到 Pits 的概率为 1/2。② 某些 EFM 码插入 1 后会破坏 EFM 编码规则。经过计算发现，256 个 EFM 编码中有 183 个码字可以插入 1 而不改变该规则。若木马写入数据需要插入 1，又恰好遇到这 183 个码字之外的码字，则木马写入程序不改变该码字。

根据全概率公式综合分析，木马写入数据出错的概率为 0.321 3，如图 5-19 所示。

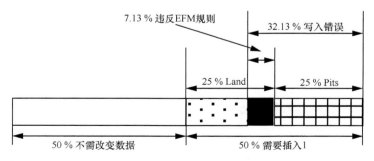

图 5-19　光盘木马写入数据概率

假定每张光盘容量为 700 MB，则按照上述方案木马写入的数据为 700 Mbit，其误码率为 0.321 3。木马可以利用信道编码的方法纠正可能的错误。若将木马写入数据的过程等效为通信过程，则对应的信道为错误概率等于 0.3213 的 BSC 信道。根据信息论此信道容量为 0.094 2，因此理论上一张容量为 700 MB 被写满数据的光盘，木马按照上述方案进行数据写入，一张已经被完全刻录了数据的光盘还能写入 700×0.094 2=65.94 Mbit 的内网数据。需要注意的是，有时导入内网的数据量会小于光盘容量，此时光盘存在的空白区域可以进行大量的内网数据写入。

上述方案仅仅是在不改变光盘的 EFM 规则的前提下分析得到的结果。若恶意攻击者采用更加精密的光驱设备进行数据的读操作，完全可以忽略 EFM 编码规则，例如，将 EFM 遵循的 RLL（2,10）改为 RLL（1,14），则可写入更多的数据，在此不再对该方案做分析。因此，65.94 Mbit 是人为的木马可以向光盘写入的最小数据量。

通过以上一个可行的木马数据写入方案，分析了反向信道 1 的信道容量。下面分析 B 模式的安全性、反向信道 2 的安全隐患及整个反向信道可能泄露的数据速率。

由于反向信道 2 的切断主要靠规章制度来确保。若工作人员严格按照规定，使用完毕后及时地、彻底地销毁光盘，100%不犯错误，则反向信道 2 被彻底切断，整个反向信道容量为 0，此时确保了内网数据的绝对安全。

然而，从心理学以及人类行为学的角度看，人总是存在犯错误的可能。内网使用者愈多，固定时间段内（例如 1 年）违规操作的次数越多，数据泄露的可能性越大。此处无法精确给出工作人员违规的概率模型，仅仅给出一个简单计算式：$N_E = N_w \overline{N} P_e P_\lambda$。其中，$N_E$ 为一年中数据泄露的次数，N_w、$\overline{N}$ 分别为接触内网的工作人员数以及每人每年导入数据的平均次数，P_e、P_λ 分别为违规概率以及违规使用的光盘被送至恶意攻击者服务器的概率。综合反向信道 1 以及反向信道 2 的分析，可以得到一年可能泄露的数据量计算式（5-5）。

$$C_D = C_I N_E = C_I N_w \overline{N} P_e P_\lambda \tag{5-5}$$

其中，C_D、C_I 分别为一年泄露的数据量（bit）和单次违规泄露的平均数据量。

以某内网为例，假定使用者为 10～1 000 人，平均每年每人导入内网数据 20 次，每个工作人员违规的概率为 0～0.1，违规使用的光盘到达恶意攻击者服务器的概率为 10^{-4}，单次违规泄露的数据量取最小值 65.94 Mbit（即每次数据导入时，光盘无空白区域），每年可能泄露的数据量除以全年时间可得光盘泄露数据的速率，如图 5-20 所示。

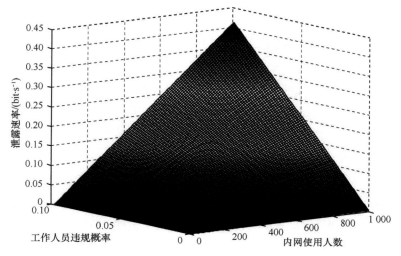

图 5-20　光盘导入数据泄露速率

5.4.2　可见光单向通信安全分析

1．可见光单向通信模型

利用可见光单向通信将数据导入看作点对点通信模型，其中外网服务器为信源，内网服务器为信宿，传输媒介为可见光无线信道。由于合法用户使用单向传输设备时没有反向链路，一旦出错，发送端将无从得知，因此一般单向设备会加入纠错编码[30-42]。可见光单向通信信道模型，如图 5-21 所示。

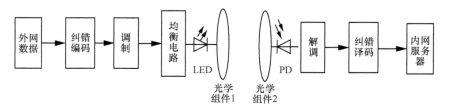

图 5-21　可见光单向通信信道模型

可见光单向传输设备几乎与其他无线通信一样同样包含信源、编码、调制、解调、译码以及信宿。与一般无线通信不同，可见光通信发射端以及接收端采用的是单向 LED 以及 PD。窃听者试图建立反向传输链路理论上是可能的，但反向链路的信噪比非常微弱。因为 PD 本身也是二极管，具有发射光子的可能，只是发射的光信号非常微弱；同时 LED 也是二极管具有一定的光检测能力，只是 LED 的光检测能力非常微弱。同时，两组光学组件的作用是将 LED 发出的光信号聚焦到 PD，达到较高的光增益，根据几何光学原理，此时光学系统反向增益小于正向通信时的增益，这也是可见光单向通信与光纤单向通信以及无线单向传输系统的最大区别。利用光纤或者一般的无线电波信号作为传输介质，正向、反向的空间链路增益是相同的。

2. 可见光单向通信反向链路模型及安全性分析

在分析其安全性之前，可以合理地做如下假设：① 设备制造者是可信的，即不能私自改变硬件实现方法；② 使用者是可信的，即不能擅自增加反向传输设备；③ 若窃听者试图通过可见光单向设备窃取内部网络数据，只能利用单向设备的 PD 作为发射端，使其发射光信号，同时利用单向设备的 LED 作为"接收 PD"检测反向传输的光信号。

基于上述分析，可以理论上计算正向链路信道容量以及反向链路的通信容量，通过两者比值可以得出反向链路数据泄露的量级。计算条件为：正向链路信噪比为 20 dB（实际链路会达到 40 dB），反向链路信噪比从−160～−100 dB，调制方式为 OOK。分析结果如图 5-22 所示，其中横坐标为反向链路信噪比，纵坐标为反向通信信道容量与正向通信信道容量之比。而当反向链路信噪比小于−132 dB 时，由于反向通信信道容量过小，限于目前计算机数值计算精度已经无法精确计算反向通信信道容量。

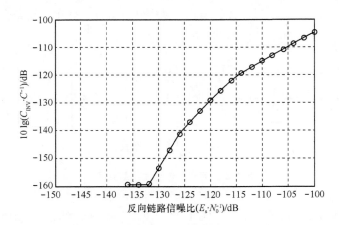

图 5-22　反向通信信道容量与正向通信信道容量之比

由图 5-22 可知，经过去除对数计算后，当反向链路信噪比为−100 dB 时，反向通信信道容量仅仅为正向通信的 1/3.162 310，当反向链路信噪比为−132 dB 时，反向通信信道容量仅仅为正向通信的 1/8.912 515，若正向通信速率为 1 Gbit/s，此时反向通信速率最多为 1.122 0×10^{-7} bit/s，即泄露 1 bit 信息需要 103 天。具体反向信道数据泄露速率，如图 5-23 所示。

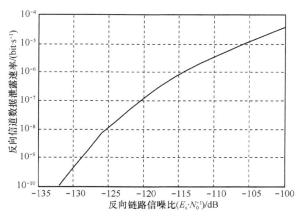

图 5-23　反向信道数据泄露速率

　　理论上单向可见光导入数据时反向链路的信噪比为负无穷时是绝对安全的，显然绝对安全是不可实现的。若比较可见光单向导入与光盘导入方式的安全性，则需要一定合理假设条件。为方便进行比较，假设内网使用者人数（100 人），平均人年导入数据次数（20 次）、违规概率（0～10^{-4}）以及恶意攻击者获取光盘的概率（10^{-4}），比较结果如图 5-24 所示。由图 5-24 可知，当反向链路信噪比小于−115 dB 时，可见光单向导入设备的泄露速率小于违规概率为 10^{-5} 时采用 CD-R 的泄露速率，即在此情形下可见光单向导入设备更加安全。因此，若控制好可见光的反向链路信噪比，在某种意义上可以比光盘单向导入更具有安全性。

| 5.5　系统综合认证测试 |

　　高速可见光信息安全导入系统主要的测试内容包括：设备单通道传输性能测试，邻道串扰条件下设备通道传输性能测试，邻道串扰条件下设备网络传输性能测试，产品环境适应性测试及产品电磁兼容性测试。其中环境适应性测试包含 4 项试验，电磁兼容性测试包含 5 项试验。

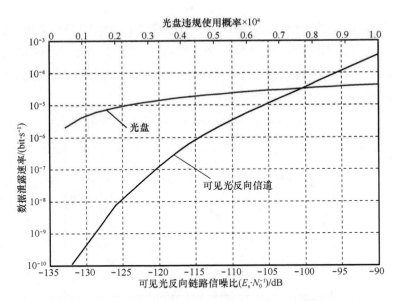

图 5-24　光盘导入与可见光单向导入的反向信道数据泄露速率对比

5.5.1　系统传输性能测试

高速可见光信息安全导入系统传输性能测试包含：单通道传输性能测试、邻道串扰条件下设备通道传输性能测试及邻道串扰条件下设备网络传输性能测试，以上3 个测试项目均在工业和信息化部中国信息通信研究院进行测试。

受试系统包括一套可见光单向实时在线摆渡设备，两台具备吉比特网卡的计算机，如图 5-25 所示。

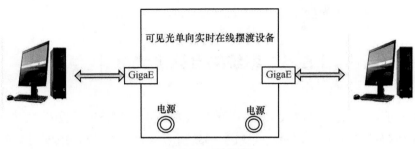

图 5-25　受试系统

高速可见光信息安全导入系统物理层基带信号波形，如图 5-26 所示。从图 5-26
可得出，每个子信道物理媒体相关（Physical Medium Dependent， PMD）子层基带
信号速率为 250 Mbit/s。

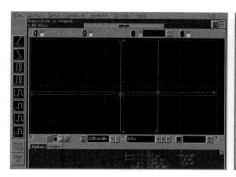

(a) 通道 1

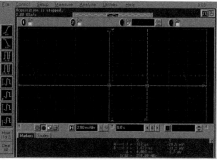

(b) 通道 2

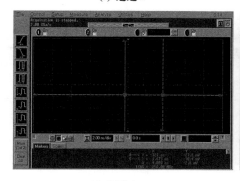

(c) 通道 3

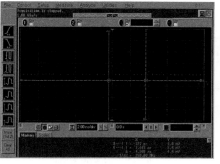

(d) 通道 4

图 5-26　高速可见光信息安全导入系统物理层基带信号波形

　　高速可见光信息安全导入系统性能测试数据，见表 5-1。其包括自串扰时子信
道误码率测试与文件传输速率测试两项测试。

表 5-1　高速可见光信息安全导入系统性能测试数据

自串扰时子信道误码率测试			
通道编号	传输总比特数	错误比特数	误码率
1	3.14×1 014	0	<1×10^{-12}
2	4.23×1 014	0	<1×10^{-12}
3	1.31×1 014	0	<1×10^{-12}
4	3.12×1 014	0	<1×10^{-12}

（续表）

文件传输速率测试				平均传输速率/(Mbit·s⁻¹)
序号	文件大小/Byte	传输时间/s	传输速率/(Mbit·s⁻¹)	平均传输速率/(Mbit·s⁻¹)
1	4 795 449 874	52.88	725.48	
2	4 795 449 874	52.97	724.25	
3	4 795 449 874	52.89	725.35	
4	4 795 449 874	52.72	727.69	
5	4 795 449 874	52.51	730.60	726.10
6	4 795 449 874	52.87	725.62	
7	4 795 449 874	53.12	722.21	
8	4 795 449 874	52.85	725.90	
9	4 795 449 874	52.90	725.21	
10	4 795 449 874	52.65	728.65	

高速可见光信息安全导入系统的测试结果，见表 5-2。

表 5-2　高速可见光信息安全导入系统测试结果

项目编号	项目名称	单位	检验数据
1	PMD 层子信道基带信号速率及波形测试	Mbit/s	子信道 1：250；子信道 2：250；子信道 3：250；子信道 4：250
2	自串扰时子信道误码率测试	N/A	子信道 1 误码率：$<1×10^{-12}$ 子信道 2 误码率：$<1×10^{-12}$ 子信道 3 误码率：$<1×10^{-12}$ 子信道 4 误码率：$<1×10^{-12}$
3	文件传输速率测试	Mbit/s	726.1

综合以上多项测试结果，可得出被测高速可见光信息安全导入系统满足下列指标。

① 具有 4 个并行子信道，每个子信道 PMD 子层基带信号速率为 250 Mbit/s，设备 PMD 子层基带信号总速率为 1 Gbit/s。

② 物理层通道传输误码率小于 10^{-12}。

③ 文件传输速率为 726.1 Mbit/s。

5.5.2　环境适应性及电磁兼容性测试

环境适应性测试在具有相关资质的可靠性与环境中心进行，包含温度试验、冲击试验、振动试验和湿热试验 4 项测试项目；电磁兼容性测试在具有相关资质的电磁兼容实验室进行，包括 CE101 25 Hz～10 kHz 电源线传导发射试验、

CE102 10 kHz～10 MHz 电源线传导发射试验、RE101 25 Hz～100 kHz 磁场辐射发射试验、RE102 10 kHz～18 GHz 电场辐射发射试验及 CS114 10 kHz～400 MHz 电缆束注入传导敏感度试验 5 项测试项目。受试系统的具体环境如图 5-27 所示。

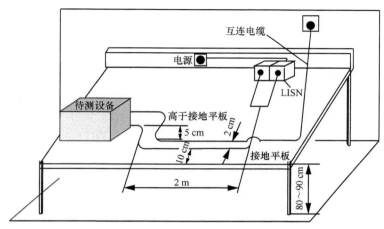

图 5-27　受试系统环境

高速可见光信息安全导入系统的电磁兼容性测试结论,见表 5-3。从表 5-3 可知,高速可见光信息安全导入系统满足电磁发射和敏感度要求。

表 5-3　高速可见光信息安全导入系统电磁兼容性测试结论

样品名称	高速可见光信息安全导入系统	样品型号	DX1000-1
受样方式	送样	数量	1
检测结论			
① CE101 25 Hz～10 kHz 电源线传导发射试验		合格	
② CE102 10 kHz～10 MHz 电源线传导发射试验		合格	
③ RE101 25 Hz～100 kHz 磁场辐射发射试验		合格	
④ RE102 10 kHz～18 GHz 电场辐射发射试验		合格	
⑤ CS114 10 kHz～400 MHz 电缆束注入传导敏感度试验		合格	

高速可见光信息安全导入系统的环境适应性测试结论,见表 5-4。

表 5-4　高速可见光信息安全导入系统环境适应性测试结论

样品名称	高速可见光信息安全导入系统	样品型号	DX1000-1
受样方式	送样	数量	1
试验项目	温度试验		

（续表）

试验参数	低温存储：−25℃，温度恒定后保温 24 h 低温工作：−5℃，温度恒定后保温 2 h，加点工作 2 h 高温存储：70℃，温度恒定后保温 24 h 低温工作：−4℃，温度恒定后保温 2 h，加点工作 2 h
试验项目	冲击试验
试验参数	冲击：半正弦波 脉冲宽度：11 ms 方向：x、y、z 三轴六向 次数：共 18 次 试验中设备不工作
试验项目	振动试验
试验参数	频率：5～5.5 Hz，振幅：25.4 mm 　　　　5.5～200 Hz，加速度：1.5 g 方向：x、y、z 三轴向，每轴 1 h 试验中设备加电工作
试验项目	湿热试验
试验参数	试验温度：40℃ 相对湿度：95% 时间：温湿度恒定后保持 96 h 试验中设备不工作

| 5.6　小结 |

近几年来，随着计算机网络的快速发展，网络信息安全问题受到了广泛的关注，为此很多政府机构、军队、公司等都加强了内部信息系统的安全保密措施。其中一个重要措施就是在内部信息系统与外部网络之间实行完全的物理隔离。为防止摆渡攻击窃密，很多单位都禁止移动载体在外部网络和内部网络计算机之间传递信息。这些严格的措施在保证内部信息系统安全运行、重要文件不丢失的同时，也严重影响了内网用户工作的便利性，一些单位需要频繁地将外网中的数据导入内网计算机中进行处理。因此，这些单位迫切需要一种安全、高速、便捷、保密性强、易于操作、成本较低的单向传输产品，在这一需求背景下，高速可见光信息安全导入系统应运而生。

本章详细介绍了可见光信息安全导入系统的工作原理与关键技术，并根据不同应用场景及环境衍生出一系列的可见光单向安全传输设备。对传统的光盘导入方式与可见光单向导入方式进行安全性分析对比，可以得出可见光单向导入方式的安全性与光盘导入方式相当。

│ 参考文献 │

[1] WU F M, LIN C T, WEI C C, et al. 3.22-Gbit/s WDM visible light communication of a single RGB LED employing carrier-less amplitude and phase modulation[C]//the Optical Society of America (OSA), March 17-21, 2013, Anaheim. Piscataway: IEEE Press, 2013.

[2] KOTTKE C, HILT J, HABEL K, et al. 1.25 Gbit/s visible light WDM link based on DMT modulation of a single RGB LED luminary[C]// European Conference and Exhibition on Optical Communications (ECOC), March 6-10, 2011, Amsterdam. Piscataway: IEEE Press, 2011.

[3] COSSU G, KHALID A M, CHOUDHUR Y, et al. 2.1 Gbit/s visible optical wireless transmission[C]// European Conference and Exhibition on Optical Communications (ECOC), September 16-20, 2012, Amsterdam. Piscataway: IEEE Press, 2012.

[4] COSSU G, KHALID A M, CHOUDHUR Y, et al. 3.4 Gbit/s visible optical wireless transmission based on RGB LED[J]. Optics Express, 2012, 20(26): B501-B506.

[5] WANG Y Q, WANG Y G, CHI N, et al. Demonstration of 575 Mbit/s downlink and 225 Mbit/s uplink bi-directional SCM-WDM visible light communication using RGB LED and phosphor-based LED[J]. Optics Express, 2013, 21(1): 1203-1208.

[6] WANG Y G, ZHANG M L, WANG Y Q, et al. Experimental demonstration of visible light communication based on sub-carrier multiplexing of multiple-input-single-output OFDM[C]// 2012 17th Opto-Electronics and Communications Conference (OECC), July 2-6, 2012, Busan. Piscataway: IEEE Press, 2012.

[7] YAN F, WANG Y G, SHAO Y F, et al. Experimental demonstration of sub-carrier multiplexing-based MIMO-OFDM system for visible light communication[C]//the 18th Asia-Pacific Conference on Communications (APCC), October 15-17, 2012, Jeju Island. Piscataway: IEEE Press, 2012: 924-926.

[8] AZHAR A H, TRAN T A, O'BRIEN D. A Gigabit indoor wireless transmission using MIMO-OFDM visible-light communications[J]. IEEE Photonics Technology Letters, 2013, 25(2): 171-174.

[9] CHI N, WANG Y Q, WANG Y G, et al. Ultra-high-speed single red-green-blue light-emitting diode-based visible light communication system utilizing advanced modulation formats[J]. Chinese Optics Letters, 2014, 12(1): 010605.

[10] SAFARI M, UYSAL M. Do we really need OSTBCs for free-space optical communication with direct detection?[J]. IEEE Transactions Wireless Communication, 2008, 7(11): 4445-4448.

[11] 姚赛杰, 徐浩煜, 汪亮友, 等. LED 记忆非线性自适应预失真技术研究[J]. 中国激光, 2014, 41(11): 1105007.

[12] MEDLEH R, HASS H, ANH C W, et al. Spatial modulation a new low complexity spectral efficiency enhancing technique[C]//the First International Conference on Communications and Networking, October 25-27, 2006, Beijing. Piscataway: IEEE Press, 2006.

[13] YOUNIS A, SERAFIMOVSKI N, MESLEH R, et al. Generalized spatial modulation[C]//the Conference Record of the Forty Fourth Asilomar Conference on Signals, Systems and Computers (ASILOMAR), November 7-10, 2010, Pacific Grove. Piscataway: IEEE Press, 2010: 1498-1502.

[14] DATTA T, CHOCKALINGAM A. On generalized spatial modulation[C]//the IEEE Wireless Communication and Networking Conference: PHY, April 7-10, 2013, Shanghai. Piscataway: IEEE Press, 2013: 2716-2721.

[15] WANG J, JIA S, SONNG J. Generalised spatial modulation system with multiple active transmit antennas and low complexity detection scheme[J]. IEEE Transactions on Wireless Communication, 2012, 11(4): 1605-1615.

[16] LEGNAIN R M, HAFEZ R H M, MARSLANG L D, et al. A novel spatial modulation using MIMO spatial multiplexing[C]//the 1st International Conference on Communications, Signal Processing and Their Applications, February 12-14, 2013, Sharjah. Piscataway: IEEE Press, 2013.

[17] HRANILOVIC S, KSCHISCHANG F R. A pixelated MIMO wireless optical communication system[J]. IEEE Journal of Selected Topics in Quantum Electronics, 2006, 12(4): 859-874.

[18] PREMACHANDRA H C N, YENDO T, TEHRANI M P, et al. High-speed-camera image processing based LED traffic light detection for road-to-vehicle visible light communication[C]//IEEE Intelligent Vehicles Symposium, June 21-24, 2010, San Diego. Piscataway: IEEE Press, 2010: 793-798.

[19] UKIDA H, MIWA M, TANIMOTO Y. Visual communication using LED panel and video camera for mobile object[C]//the IEEE International Conference on Imaging Systems and Techniques, July 16-17, 2012, Manchester. Piscataway: IEEE Press, 2012: 321-326.

[20] O'BRIEN D. Multi-input multi-output (MIMO) indoor optical wireless communications[C]//the Forty-Third Asilomar Conference on Signals, Systems and Computers, November 1-4, 2009, Pacific Grove. Piscataway: IEEE Press, 2009: 1636-1639.

[21] AZHAR A H, TRAN T A, O'BRIEN D C. Demonstration of high-speed data transmission using MIMO-OFDM visible light communications[C]//the Globecom Workshops Conference, December 6-10, 2010, Miami. Piscataway: IEEE Press, 2010: 1052-1056.

[22] ZHANG X, CUI K Y, ZHANG H M, et al. Capacity of MIMO visible light communication channels[C]//the Photonics Society Summer Topical Meeting Series, July 9-11, 2012, Seattle. Piscataway: IEEE Press, 2012: 159-160.

[23] MINH H L, O'BRIEN D, FAULKNER G, et al. A 1.25 Gbit/s indoor cellular optical wireless communications demonstrator[J]. IEEE Photonics Technology Letters, 2010, 22(21): 1598-1600.

[24] ZHANG S, WATSON S, MCKENDRY J J D, et al. 1.5 Gbit/s Multi-channel visible light communications using CMOS-controlled GaN-based LEDs[J]. Journal of Lightwave Technology, 2013, 31(8): 1211-1216.

[25] WU L, ZHANG Z C, LIU H P. MIMO-OFDM visible light communications system with low complexity[C]//IEEE International Conference on Communications (ICC), June 9-13, 2013, Budapest. Piscataway: IEEE Press, 2013: 3933-3937.

[26] TAKASE D, OHTSUKI T. Optical wireless MIMO communications (OMIMO)[C]//IEEE Global Telecommunications Conference, November 29-December 3, 2004, Chiba. Piscataway: IEEE Press, 2004.

[27] TSONEV D, CHUN H, RAJBHANDAARI S, et al. A 3 Gbit/s single-LED OFDM-based wireless VLC link using a gallium nitride μLED[J]. IEEE Photonics Technology Letters, 2014, 16(7): 637-640.

[28] 'Li-Fi' via LED light bulb data speed breakthrough[EB].

[29] SCHUBERT E F. Light-emitting diodes[M]. Cambridge, U.K.: Cambridge Univ. Press, 2003.

[30] ZENG L B, O'BRIEN D, MINH H L, et al. High data rate multiple input multiple output (MIMO) optical wireless communications using white LED lighting[J]. IEEE Journal on Selected Areas in Communications, 2009, 27(9): 1654-1662.

[31] HOSSEINI K, WEI Y, ADVE R S. Large-scale MIMO versus network MIMO for multicell interference mitigation[J]. IEEE Journal of Selected Topics in Signal Processing, 2014, 8(5): 930-941.

[32] 丁德强, 柯熙政, 李建勋. VLC 系统的光源布局设计与仿真研究[J]. 光电工程, 2007, 34(1): 131-134.

[33] KOMINE T, NAKAGAWA M. Fundamental analysis for visible-light communication system using LED lights[J]. IEEE Transactions on Consumer Electronics, 2004, 50(1): 100-107.

[34] Available[EB].

[35] GRUBOR J, RANDEL S, LANGER K D, et al. Bandwidth-efficient indoor optical wireless communications with white light-emitting diodes[C]//the 6th International Symposium on Communication Systems, Networks and Digital Signal Processing (CNSDSP), July 25, 2008, Graz. Piscataway: IEEE Press, 2008: 165-169.

[36] YEW J, DISSANAYAKE S D, ARMSTRONG J. Performance of an experimental optical DAC used in a visible light communication system[C]//IEEE Globecom Wksps., Dec. 9-13, 2013, Atlanta. Piscataway: IEEE Press, 2013.

[37] FATH T, HELLER C, HAAS H. Optical wireless transmitter employing discrete power level stepping[J]. Journal of Lightwave Technology, 2013, 31 (11): 1734-1743.

[38] 付红双, 朱义君. 室内直射环境下白光 LED 的多输入多输出信道相关性分析[J]. 光学学报, 2013, 09: 31-36.

[39] MESLEH R, ELGALA H, HAAS H. OFDM visible light wireless communication based on white LEDs[C]//the 65th IEEE Vehicular Technology Conference, April 22-25, 2007, Dublin. Piscataway: IEEE Press, 2007: 2185-2189.

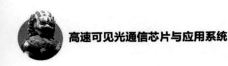
[40] FATH T, HAAS H. Performance comparison of MIMO techniques for optical wireless communications in indoor environments[J]. IEEE Trans. Commun., 2013, 61(2): 733-742.

[41] CHEN T, LIU L, TU B, et al. High-spatial-diversity imaging receiver using fisheye lens for indoor MIMO VLC[J]. IEEE Photon. Technol. Lett., 2014, 26(22): 2260-2263.

[42] WANG Y, HUANG X, ZHANG J, et al. Enhanced performance of visible light communication employing 512QAM N-SC-FDE and DD-LMS[J]. Opt. Exp., 2014, 22(13): 15328-15334.

第 6 章
拓展距离可见光通信系统

本章主要研究基于可见光通信的拓展传输距离。利用高灵敏度的光电探测器件并结合相应高速传输技术，在弱光或者远距离等条件下，可以实现拓展距离可见光传输。典型应用场景为水下和室外，可以用在构建水下信息高速公路、室外智能交通、楼宇间通信等场所。

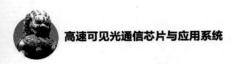
| 6.1　引言 |

　　室内可见光通信技术得到了快速的发展，突破了一大批关键技术，并在一些行业得到了初步的应用，与此同时，水下和室外可见光通信技术也受到了广泛的关注。然而，不同于常见的室内可见光通信，水下和室外可见光通信通常面临的一个主要难题就是接收端通常探测到的是弱光强信号，这对探测器的灵敏度提出了更高的要求。单光子检测通常被认为是光电检测领域的极限，与其他发展相对较成熟的检测技术相比，单光子可以探测到光子量级（10^{-19} W）水平的光信号，目前在激光测距、卫星成像等领域初露峥嵘[1-10]。

　　本章基于高灵敏度探测器件单光子雪崩二极管，开展拓展距离可见光通信系统的研究，主要面向水下和室外两类典型应用场景。

| 6.2　水下中远距离可见光通信系统 |

　　地球接近三分之二的表面被水覆盖，数千年来，人类从未停止对海洋的探索。从大航海时代硝烟弥漫的竞争到如今全球化不断加深的合作共赢，海洋像血液一样连通着整个地球。从陆权时代到海权时代，一个国家的兴衰荣辱往往和海洋有着千丝万缕的联系。当前，随着陆地资源的不断消耗和对海洋权益的保护日益重视，人们在海洋中从事的相关生产生活迅速增多，与之相关的信息传输需求也更加紧迫。

　　光是由一种无质量的粒子——光子组成，不但具有一般电磁波的特性，还具有粒子的特性，即光的波粒二象性。光传递能量的大小与光的频率成正比，而光的颜色也是由其频率决定，人眼只能看见特定频谱范围内的光，称为可见光。由于共振效应，纯水对可见光谱的吸收比红外光和紫外光小，海水对处在 400～550 nm 可见光波段内的蓝绿光衰减比其他光波段的衰减要小。这一天然的透光窗口为水下可见光通信提供了基本的物理基础，也为水下长距离高速无线光通信提供了可能。受益于海水对处于蓝绿波段光谱有天然的最小衰减特性，水下可见光通信（Underwater Visible Light Communication，UVLC）技术成为实现水下中远距离信息传输以及水下信息高速公路的又一新兴方式。典型的水下可见光通信系统的传输速率可以达到数十 Mbit/s 量级，通信距离达到数十米量级。显然，这种高速信息传输的优势可以确保在水下实现大量的实时通信（例如水下视频传输、水下传感网络）。相对于水声通信的低速率，光在水中的速度可以达到 2.25×10^8 m/s，因此系统的链路传输时延可以忽略。另外，水下可见光通信系统为定向传输而非水声和射频通信的全向通信方式，因此光通信受益于较少的干扰，具有更高的信息传输安全性。同时，伴随着绿色节能理念的不断深入以及发光二极管器件的大规模普及，水下可见光通信应用成本更低，体积更小，且能耗也相对最少[11-18]。

　　虽然对处于蓝绿波段的光谱有天然的衰减窗口，但是光波面临水下严峻的吸收和散射效应，光子无法避免地与水分子、水中的浮游物质等相互作用，使得发送光子能量衰减和多径衰落更加严重，仍只能实现相对短距离的通信。因此，即使在较优的水质条件下，典型的通信距离仍然在百米量级以内。

　　水下可见光通信距离受限的主要原因在于水下环境十分复杂，造成光信号的严重衰减。研究指出光信号在水下环境中主要存在 3 种主要损伤，分别为吸收作用引起的衰减、大分子颗粒物引起的散射以及水下湍流引起的平坦衰落。因此，光信号在经过远距离传输后到达接收端的能量十分微弱，众多学者采用了多种技术手段来实现通信距离上的拓展。通常而言，多输入多输出光通信系统可以提升系统的误码率性能，也可采用分集技术消除水下湍流带来的平坦衰落，此外，信号中继也被作为一种实现远距离传输的手段。然而以上工作都只从通信技术层面出发研究了远距离通信的方案，而没有突破制约通信距离拓展的关键因素，即目前光通信系统中大量采用的光敏二极管检测灵敏度较低。造成 PD 对信号检测灵敏度较低的原因是，这些器件中存在跨导并会产生热噪声，在接收的光信号很弱时，信号就会被热噪声湮没，从而导致水下光通信距离受限。随着半导体技术的不断发展，人们能够设计出高灵敏度的检测器件，这些器件能够检测到光子量级的微弱光信号，具体有以下两种检测器件。

① 光电倍增管（Photomultiplier Tube，PMT）是一种将外光电效应产生的电子通过多级倍增，放大为大电流的真空光电探测装置。

② 单光子雪崩二极管是指加反向偏压，工作在盖革模式下的雪崩二极管。在这种模式下，每当有光子入射，SPAD 内就会产生雪崩效应从而输出大电流。采用这类器件作为接收机时，接收端以符号周期内记录到的光子个数，作为对发射信号的观测样本，进而估计发射信号，这种手段的出现恰好迎合了水下远距离通信的需求，因此，研究单光子检测可见光通信技术将会对水下光通信系统的发展起到十分重要的作用[19-37]。

在本章中，从通信系统的检测器件角度出发，主要研究高灵敏度的 SPAD 器件代替目前的 PD、APD 接收机。相比于 PD 接收机，采用 SPAD 作为接收机，可以提升 30~45 dB 的灵敏度，相关文献也分析在水下采用 SPAD 接收弱光信号的可行性。海水中信号的快速衰减表明水下光通信可受益于单光子检测，由于检测可以降低到单光子水平信号强度，信号可能检测的范围可扩大到单光子强度的距离；随后，通过较优水质下的长距离信道大规模蒙特卡洛数值仿真、收发端光学系统设计和 SPAD 接收机，验证了在纯海水（Pure Seawater）水质下，通信距离有潜力达到 500 m。

6.2.1　水下中远距离系统组成

如图 6-1 所示的基于 SPAD 接收机的水下长距离可见光通信系统模型，包括发送端 LED 光学系统模型、水下长距离信道的吸收和散射模型、接收端光学系统模型以及 SPAD 接收机检测模型。LED 光源通常采用朗伯（Lambertian）光源辐射模型，对于长距离通信而言，发送端 LED 的极化角度和功率都会影响接收性能。因此，根据设计的发送端光学系统，需要建立发送端极化角度、发送功率等的模型。本系统中，发送端为一个点光源，通过调节极化角与发送功率来拓展传输距离。接收前端包括一个聚光镜（Condenser）和一个滤光片（Filter），聚光镜的目的是提升信道光学增益，而滤光镜则尽可能地滤除除蓝绿光源以外的其他背景光噪声，等效为一个带通滤波器。

图 6-1　基于 SPAD 接收机的水下长距离可见光通信系统

为了有效地拓展通信距离，主要采用了两种关键技术：① 通过一个光学透镜减小 LED 的半功率角，从而增强发送端光强度；② 接收端采用 SPAD 接收机以提升检测灵敏度。然而，最复杂的问题是目前没有严格的水下长距离信道模型。

6.2.2　LED 光学系统设计与分析

发光二极管 LED 光源和激光二极管光源都经常用于水下通信。相比于 LED 光源，LD 有更高的输出光强度，更好的准直特性和更小的光谱拓展。因此，LD 光源适用于严格光学准直需求下的高速水下无线光通信系统。另一方面，LED 光源输出需要较小的光功率、更宽的极化角和更低的带宽。但是，随着全球绿色照明产业的不断发展，LED 受益于它的低费用和稳定特性。目前，在相同的概率条件下，相比于 LD 器件，LED 光源的体积更小、价格更便宜。此外，LED 可以工作在非严格准直的水下环境中。因此，基于以上因素，目前 LED 光源更适用于水下长距离通信系统。

对一个广义的朗伯辐射强度点光源，辐射角度 θ 和辐射强度分布 $\psi_0(\theta)$ 的函数关系可以近似为

$$\psi_0(\theta) = \frac{m_0 + 1}{2\pi} \cos^{m_0}(\theta) \qquad (6\text{-}1)$$

对于严格的朗伯光源模型而言，$\psi_0(\theta)$ 应当满足能量归一化条件 $2\pi \int_0^{\pi/2} \psi_0(\theta) \sin(\theta) d\theta = 1$。其中，$m_0$ 为一个和 LED 发送端半功率角度相关的变量，$\cos^{m_0} \phi_{1/2} = 0.5$，$\phi_{1/2}$ 表征 LED 的半功率角度，m_0 由式（6-2）计算得出。

$$m_0 = \frac{-\ln 2}{\ln(\cos\phi_{1/2})} \tag{6-2}$$

正常商用 LED 照明都有一定的发光角约束，并采用约束条件为 m_0 的反光杯以达到聚光增加光强的目的。本系统方案中，利用一个特定的反光杯透镜来缩小半功率角度，从而增强发送端商用 LED 的光照强度。半功率角度越小，发送光强度越大，通信距离也就越远。假设半功率角度 $\phi < \phi_0$，实际的光强度分布函数 $\psi_1(\theta)$ 可以近似为

$$\psi_1(\theta) = \frac{m_1 + 1}{2\pi} \cos^{m_1}(\theta) \tag{6-3}$$

其中，$m_1 = -\ln 2/\ln(\cos\phi_1)$，因此通过缩小半功率角度而获得的光强度增益为

$$G(\theta) = \frac{\psi_1(\theta)}{\psi_0(\theta)} = \frac{m_1 + 1}{m_0 + 1} \cos^{m_1 - m_0}(\theta) \tag{6-4}$$

在主光轴中心，当 θ 趋于 0 时，强度增益可以近似为

$$G_t = \frac{m_1 + 1}{m_0 + 1} \tag{6-5}$$

通过上述理论分析，可以看到极化角度和光源的强度分布都会影响系统性能。

6.2.3 水下双指数信道模型

在不同水质条件下，水分子、水中溶解的微粒物质和其他有机物等对光子的吸收，水分子、水中溶解的有机物和无机物等对光子的散射，都会有很大差异，导致水下信道十分复杂。在水下短距离条件下，目前采用最广泛也是最简单的比尔定律（Beer Law）信道模型来描述水下光束能量衰减特性。在特定的水文与深度条件下，定义水下总的信道衰减系数为 $c(\lambda)$。由于信道衰减包含吸收因素 $a(\lambda)$ 和散射因素 $b(\lambda)$（通过测量海水透明度得到），则有信道衰减系数

$$c(\lambda) = a(\lambda) + b(\lambda) \tag{6-6}$$

其中，λ 是不同光的波长。

这里我们给出较优水质：纯海水和清澈海水（Clean Ocean）的信道模型。与比尔定律模型相比，双指数函数模型可以更加准确地近似长距离水下信道功率损失。其中一个指数函数用来表征衰减长度小于扩散长度的功率损失，另一个指数函数表

征衰减长度大于扩散长度的功率损失，主要包含多次散射的能量。其中，扩散长度定义为 $\tau(\lambda)=c(\lambda)L$ ， L 为传输距离。并且扩散长度可以认为是一个光子理论上最远能够传输的距离。先前的研究表明，当水质较优、$\tau<15$ 或者传输速率低于 50 Mbit/s 时，信道可以考虑为非色散的，符号间干扰（Inter-Symbol-Interference，ISI）可以忽略。当采用低速率通信时，比特持续时间 $T_b \gg 1\,\text{ns}$ ，可以认为是非色散的，因此光信道脉冲响应可以近似为 δ 脉冲函数模型。事实上，如果进一步缩小 LED 半功率角以及提升光强度，水下信道仍可以认为是非色散的。因此，信道脉冲响应与通信距离的关系可以由一个 δ 函数近似为

$$h(t,L) = (a_1 e^{-c_1 L} + a_2 e^{-c_2 L})\delta\left(t-\frac{L}{v}\right) \tag{6-7}$$

其中， $\delta\left(t-\dfrac{L}{v}\right)$ 是传输时延，v 为光在水中的传输速率。进一步，假设在接收端符号完美同步，并且可以忽略符号间干扰，那么式（6-7）可以重新整理为

$$h(L) = a_1 e^{-c_1 L} + a_2 e^{-c_2 L} \tag{6-8}$$

其中，4 个参数 a_1、c_1、a_2、c_2 可以由最小均方误差算法获得[10, 24, 28]。

6.2.4　光子计数 SPAD 接收机模型

在光子级别，其传输具有波粒二象性，在实际传输中，我们更关注粒子性。宏观上而言，LED 发出的是光能量信号，经过能量长距离水下信道衰减后，光子以一定的概率形式被衰减、吸收。微观上而言，接收端则检测单个光子，此过程中单个光子的能量并没有发生变化，只是到达接收端的光子数目减少。

可见光通信中通常采用低复杂度的强度调制/直接检测（Intensity Modulation with Direct Detection，IM/DD）方式，导致信道系数和发送信号非负。发送端采用单极性通断键控调制方式，发送的数据具有随机、等概、独立等特性。当传输比特"1"时，LED 光功率为 $P_s=2P_0$ ；当传输比特"0"时，LED 光功率为 $P_s=0$ 。因此发送端平均光功率为 $\overline{P}=P_0$ ，总的 LED 光能量为 $E=P_0 T_b$ ，其中，T_b 为比特传输周期，$R_b=1/T_b$ 为传输速率。

理论上而言，SPAD 输出为光子的个数，直接检测后的接收信号可以记为

$$r(L) = P_s T_b G_i h(L)\eta\eta_0 + N_{\text{DCR}} T_b + N_b \tag{6-9}$$

其中，$r(L)$ 为接收到的光子计数值，$\eta = C_{\text{PDE}}/E_p$ 为一个系数，C_{PDE} 为光电检测灵

敏度，$E_p = h_{pl}v / \lambda$ 为单个光子的能量，h_{pl} 为普朗克常量，$\eta_0 = \eta_t\eta_r\eta_1$ 是整个系统的光学增益，η_t 和 η_r 分别为发送端和接收端的光学系统增益，$\eta_1 = n_{len}^2 / \sin^2(\psi)$ 为接收端聚光镜增益，n_{len} 为光学玻璃透镜的折射率，ψ 为 SPAD 的接收视场角。在大规模光子级数值仿真（Monte Carlo Numerical Simulation，MCNS）中，我们假设如果一个光子到达接收端光透镜的表面，那么这个光子就会被检测到。最后，N_{DCR} 为 SPAD 的暗计数率（Dark Count Ratio，DCR），N_b 为背景光噪声引起的光子计数。

6.2.5　SPAD 接收机最大似然检测

相比于在长距离光纤通信中应用 SPAD，水下 SPAD 更具有实用性。光纤通信中速率远远大于 Gbit/s 量级（典型值为 400 Gbit/s），因此接收端需要高速的光电检测器以实现光信号转换为电信号。然而，当 SPAD 检测到一个光子时，由于自身结构的特殊性，直到淬火和恢复过程结束，在这个阶段不能检测其他到达的光子，亦即 SPAD 的死时间效应。死时间效应限制了 SPAD 的计数率并造成相应的光子计数损失。典型的最大单个结构的 SPAD 通信速率低于 100 Mbit/s，因此，目前单个 SPAD 接收机不适用于高速光纤通信。对于典型的水下无线光通信系统，SPAD 接收机可以用在长距离或者弱光照明条件下，速率范围为 Mbit/s 到百 Mbit/s。波长为 λ=532 nm 时的背景光噪声参数，见表 6-1。

表 6-1　波长 λ=532 nm 时的背景光噪声参数

参数	典型值
E	1 440 W/m²
R	1.25%
L_{fac}	2.9（观测角度为 90°）
A_D	0.004 m

由于 SPAD 器件的高灵敏度特性，其对背景光源引起的噪声计数非常敏感，通常需要在 SPAD 接收前端加载光学透镜（滤光片）衰减背景光。在水下环境中，主要的背景光噪声来自于太阳光，而太阳光引起的背景光辐射功率记为

$$p_b = \frac{ERL_{fac}\exp(-kd)}{\pi}\pi A_{D/2}(\psi / 2)^2\Delta\lambda = \tag{6-10}$$
$$ERL_{fac}\exp(-kd)\Delta\lambda A_{D/2}(\psi / 2)^2$$

其中，E 为下行辐照度，R 为水下下行辐照度的反射度，L_{fac} 是特定观测角度的辐射率，k 是扩散衰减系数，d 是水深，A_D 是接收机的接收孔径大小，$\Delta\lambda$ 是光电检测器的光学带宽。而海水在 150 多米时，太阳光引起的背景光源噪声 p_b 可以忽略。

因此，忽略背景光因素后，接收到的光子数重新记为

$$r(L) = P_s T_b G_t h(L)\eta\eta_0 + N_{DCR}T_b \qquad (6\text{-}11)$$

SPAD 输出的光子数可以建模为泊松统计分布，概率密度为

$$P_r(x,r) = \frac{r^x}{x!}\mathrm{e}^{(-r)} \qquad (6\text{-}12)$$

对于 OOK 调制，当分别发送比特"1""0"时，SPAD 接收到的平均光子数为 $N_1 = N_{r1} + N_{DCR}T_b$、$N_0 = N_{DCR}T_b$，其中，$N_{r1} = 2P_0 G_t h(L)\eta\eta_0 T_b$。当比特"1""0"先验等概时，在泊松条件下的最优检测门限为 $Pr(x,N_1)$ 和 $Pr(x,N_0)$ 的交点。

$$\frac{N_1^x}{x!}\mathrm{e}^{-N_1} = \frac{N_0^x}{x!}\mathrm{e}^{-N_0} \qquad (6\text{-}13)$$

得出最优检测门限为 $th=x^* = \dfrac{N_{r1}}{\ln(1+N_{r1}/N_0)}$。

此时，记累计错误概率分布为

$$P_e(x,\ell) = \mathrm{e}^{(-\lambda)}\sum_{i=0}^{\lfloor x\rfloor}\frac{\ell^i}{i!} \qquad (6\text{-}14)$$

则系统的总的误比特率（Bit Error Rate，BER）为 $P_{OOK} = (1 - P_e(th,N_0) + P_e(th,N_0+N_1))/2$。

6.2.6　性能仿真

基于数据统计的数值计算模型的大规模光子级数值仿真成为最广泛应用的建立信道脉冲响应与通信距离、信道脉冲响应与传输时延函数关系的方法。MCNS 的目标是在水下光通信环境中追踪单个移动光子的物理特性，这些物理特性包括方向、位置、质量、距离等，接收机依据一定的判别准则确定是否接收到光子。经过大规模光子的独立重复发送和接收实验，从而获得与实际水下光学信道特性相对一致的 MCNS 数据。

在本部分，将通过拟合 MCNS 数据获得长距离水下可见光通信的信道具体模型。依据水下光源的特性，建立开放水域而不是水槽环境下的长距离信道模型，然后在不同 LED 发送光功率、不同半功率角以及不同通信距离下测试系统性能。为了

确保仿真环境尽可能真实，仿真中选择的参数来自于实际环境和实际的器件。在仿真中，主要考虑两种水质环境：纯海水和清澈海水。相应的衰减参数来自于真实的测试环境，详细的参数见表 6-2。

表 6-2　两种水质的参数

水质	$a(\lambda)/m^{-1}$	$b(\lambda)/m^{-1}$	$c(\lambda)/m^{-1}$
纯海水	0.053	0.003	0.056
清澈海水	0.069	0.080	0.150

水下考虑 450～550 nm 的蓝绿色光波段（通常大洋水质的衰减系数最小波段是 480～530 nm，近海沿岸水质的衰减系数最小波段是 530～580 nm）。在 SPAD 接收机之前，加载一个中心波长为 532 nm 的窄带光学滤波器。此外假设水下环境不受水流流动和信道湍流影响，并且为理想的各向同性、均匀水质，因此水下无线光通信信道可以认为是线性时不变系统。发射机和接收机在主光轴方向对齐，链路为视距传输范围。因此，接收机 SPAD 可以有效地检测光波束中心。

为了获得更准确和真实的结果，所设计系统的参数（水质、接收机孔径、波束宽度、波束发散度）和 Petzold 在圣地亚哥海港（San Diego Harbor）实验中的数据一致。所使用的 SPAD 接收机的参数和光学系统的参数，见表 6-3。其中，SPAD 的工作温度为 5～30℃，这也在实际海水温度变化的范围内。

表 6-3　实验中的参数设置

参数	值
光波长	532 nm
SPAD 检测 C_{PDE}	0.6
SPAD 暗计数 N_{DCR}	50
死时间	20 ns
视场角	180°
接收端孔径	0.044 m
光子重量门限	10^{-6}
发送端光学系统透过率	0.6
接收端光学系统透过率	0.7
半功率角	5°、10°
光学透镜折射系数	1.5

1. 长距离 UVLC 信道建模分析

在本系统中，通过缩小光束，可以增强信道的增益。信道仿真主要包括以下两个步骤。

步骤 1：不同条件下的信道。首先发送大量光子，在传输一定距离后记录接收到的光子数。为了匹配 SPAD 的检测灵敏度，光子重量门限设为 10^{-6}。为了减少暗计数的影响，在每个符号周期内，确保接收机检测至少 20 个光子。与之相对应的，发送端每次至少发送 10^9 个光子。依据设定的系统几何结构和发动端波束角度，光子均按照相同的初始角度发射。基于不同水质的散射和吸收效应，每个光子都可能在任意距离内与周围粒子相互作用。在每次的相互作用中，会引起部分能量损失（吸收），或者产生新的运动方向。基于接收端孔径以及视场角，部分光子将到达接收机 SPAD，散射和非散射的光子将会叠加到接收机，再通过归一化总的发送能量，可以得到信道强度与通信距离的曲线。最终可获得一系列不同水质、不同半功率角下的 UVLC 信道脉冲响应。

步骤 2：UVLC 双指数函数近似。总结而言，给定水质、光源的波束角度、视场角和接收机孔径，通过 MCNS 方式可以获得不同距离下的离散信道响应。由最小均方误差准则来拟合双指数函数和实际的 MCNS 数据。4 个拟合的参数 a_1、c_1、a_2、c_2，范围在 0～1。详细信道参数，见表 6-4。

表 6-4　不同条件下的信道参数

水质（半功率角）	a_1	c_1	a_2	c_2
纯海水（5°）	0.199 999 9	0.065 715 6	0.004 643 1	0.263 394 6
纯海水（10°）	0.085 994 2	0.070 235 1	0.011 275 0	0.299 807 6
清澈海水（5°）	0.099 988 2	0.151 828 4	0.158 880 8	0.493 687 3
清澈海水（10°）	0.051 913 5	0.159 284 3	0.118 979 7	0.507 198 0

在不同条件下，归一化信道增益的 MCNS 和双指数函数近似的比较，如图 6-2 所示。当传输距离大于 180 m 时，近似的误差小于 10^{-5}。因此，在下文的仿真中，信道将采用上述拟合后的双指数函数。

2. 长距离 UVLC–SPAD 系统性能分析

本章，我们将在不同系统参数下测试长距离 UVLC 系统的性能，比较结果如图 6-2 所示。详细参数为 LED 平均光功率 $\overline{P}=1$ W、10 W 和 100 W、半功率角 $\phi=5°$、10°，SPAD 的视场角 $\psi=10°$、30°，传输速率 $R_b=1$ Mbit/s、10 Mbit/s 和 50 Mbit/s。最大速率为 50 Mbit/s，这与比特周期和死时间接近相等的结论一致。

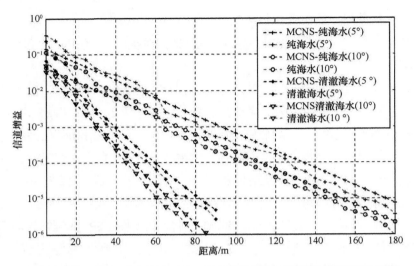

图 6-2　不同水质、半功率角下，归一化的信道增益与双指数函数近似的比较

　　忽视了水下的背景光辐射噪声，仅考虑 SPAD 的暗计数为唯一的噪声来源。当传输比特"1"时，LED 发送的光子数为 $2P_0T_b / E_p$；当传输比特"0"时，LED 发送的光子数为 0。在每个符号周期，记录 SPAD 的输出光子数，然后依照是否大于判决门限来进行符号判别。最终，可以获得不同距离的 BER 性能曲线。

　　当半功率角 $\phi = 5°$ 时，图 6-3 和图 6-4 为纯海水水质下 $\psi = 10°$ 和 $30°$ 的 BER 性能。可以得出当 $\bar{P} = 100\,\text{W}$、$R_b = 1\,\text{Mbit/s}$、$\psi = 10°$，通信距离超过 $500\,\text{m}$，所对应的 BER 为 $2×10^{-3}$。这和采用前向纠错编码的界限 $3.8×10^{-3}$ 十分接近，但是某些前向纠错编码需要提供约 7% 的额外开销。此外，当传输速率提高到 50 Mbit/s 时，通信距离可在 $\bar{P} = 100\,\text{W}$、$\psi = 10°$ 条件下达到 $440\,\text{m}$，在 $\bar{P} = 1\,\text{W}$、$\psi = 30°$ 条件下达到 $335\,\text{m}$。

　　当半功率角 $\phi = 10°$ 时，图 6-5、图 6-6 为纯海水水质下 $\psi = 10°$ 和 $30°$ 的 BER 性能。因为当半功率角增加时，光子吸收和散射后的衰减将会更严重，通信距离也将会减小。$\bar{P} = 1\,\text{W}$、$R_b = 1\,\text{Mbit/s}$ 条件下的 BER 曲线和 $\bar{P} = 10\,\text{W}$、$R_b = 10\,\text{Mbit/s}$ 的曲线几乎重叠。此外，$\bar{P} = 10\,\text{W}$、$R_b = 1\,\text{Mbit/s}$ 条件下的 BER 曲线和 $\bar{P} = 100\,\text{W}$、$R_b = 10\,\text{Mbit/s}$ 的曲线也几乎重叠。这是因为每个比特能量由 $E = P_0T_b$ 计算，而 $\bar{P} = 1\,\text{W}$、$R_b = 1\,\text{Mbit/s}$ 条件下和 $\bar{P} = 10\,\text{W}$、$R_b = 10\,\text{Mbit/s}$ 条件下的能量相同。因此，在仿真中，这些曲线某种程度上基本重合。相似的结论也适用于 $\bar{P} = 10\,\text{W}$、

$R_{b} = 1\,\text{Mbit/s}$ 和 $\overline{P} = 100\,\text{W}$、$R_{b} = 10\,\text{Mbit/s}$ 条件下。

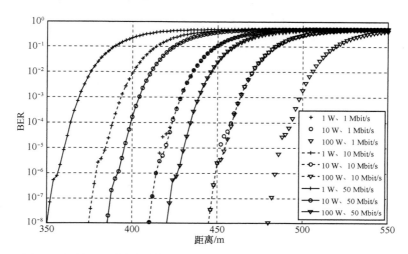

图 6-3   不同 LED 功率和速率下，$\phi = 5°$ 以及 $\psi = 10°$ 时，纯海水的 BER 性能

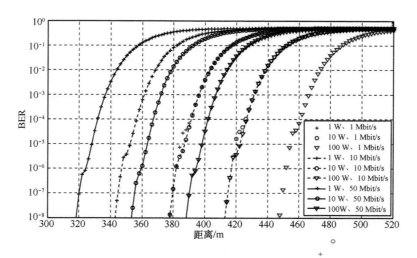

图 6-4   不同 LED 功率和速率下，$\phi = 5°$ 以及 $\psi = 30°$ 时，纯海水的 BER 性能

对于清澈海水水质，由图 6-7～图 6-10 可以得出和纯海水水质下相似的结论。但和纯海水水质相比，由于清澈海水水质的吸收和散射系数增加，导致传输距离减小。但是当 $R_{b} = 50\,\text{Mbit/s}$、$\overline{P} = 1$ W、$\phi = 5°$ 条件下有效的通信距离仍然可以达到 143 m，$\phi = 10°$ 条件下有效的通信距离可以达到 130 m。

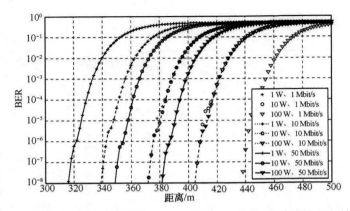

图 6-5 不同 LED 功率和速率下，$\phi = 10°$ 以及 $\psi = 10°$ 时，纯海水的 BER 性能

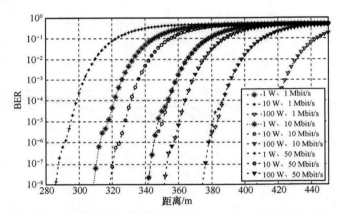

图 6-6 不同 LED 功率和速率下，$\phi = 10°$ 以及 $\psi = 30°$ 时，纯海水的 BER 性能

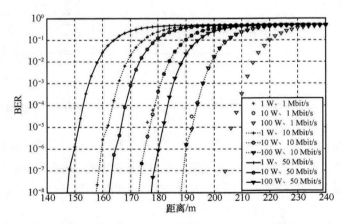

图 6-7 不同 LED 功率和速率下，$\phi = 5°$ 以及 $\psi = 10°$ 时，清澈海水的 BER 性能

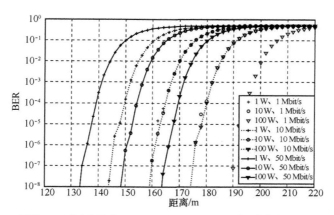

图 6-8　不同 LED 功率和速率下，$\phi = 5°$ 以及 $\psi = 30°$ 时，清澈海水的 BER 性能

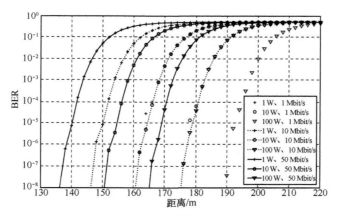

图 6-9　不同 LED 功率和速率下，$\phi = 10°$ 以及 $\psi = 10°$ 时，清澈海水的 BER 性能

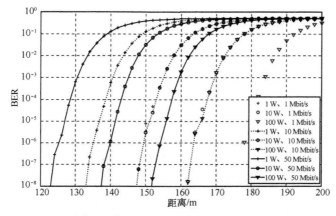

图 6-10　不同 LED 功率和速率下，$\phi = 10°$ 以及 $\psi = 30°$ 时，清澈海水的 BER 性能

接着比较传统的 APD 接收机与 SPAD 接收机的长距离传输性能。为了确保实验结果的准确性，SPAD 接收机和 APD 接收机的系统参数一致。SPAD 的死时间调整为 10 ns，亦即最大通信速率为 100 Mbit/s，LED 光功率为 1 W，两种接收机的半功率角度缩小为 5° 和 10°，两种接收机的视场角都为 $\psi = 30°$。

图 6-11 所示为 SPAD 接收机和传统 APD 接收机的性能比较。由图 6-11 可知，在清澈海水水质下，当 $\overline{P} = 1\,\mathrm{W}$、$\phi = 10°$、$R_b = 100\,\mathrm{Mbit/s}$，目标 BER 性能为 10^{-6} 时，基于 SPAD 接收机的 UVLC 系统通信距离可以达到 112 m，然而相应的 APD 接收机系统传输距离只有 73 m。当 $\theta = 5°$ 时，基于 SPAD 和 APD 接收机的系统传输距离分别为 125 m 和 83 m。因此，与 APD 接收机相比，SPAD 接收机可以更加有效地拓展 UVLC 系统的通信距离。

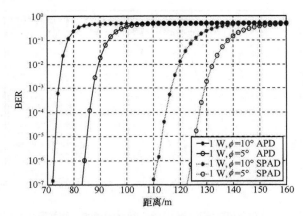

图 6-11　SPAD 接收机和传统 APD 接收机的性能比较

3. 水下 UVLC-SPAD 实验系统的初步搭建

由于实际深水实验过程极其复杂，我们初步搭建了一个长 40 m、宽 0.65 m 的水槽测试相关的数据，然后开展了一些基础测试与信道模型拟合。相应的理论分析、实验测试等学术研究成果将陆续发表。基于 SPAD 接收机的性能测试，如图 6-12 所示。

图 6-12　基于 SPAD 接收机的性能测试

|6.3　室外中远距离可见光通信系统 |

日本是世界上较早从事室外可见光通信实验的国家。2008 年，日本海上保安厅利用灯塔发射，图像传感器接收，实现了 2 km 距离下 1 kbit/s 的数据传输。2010 年，日本的 Outstanding Technology 公司开发了室外光通信系统，实现了 13 km 距离下的语音传输。本小节着眼于室外可见光通信应用，论证了基于高灵敏度探测器 SPAD 的通信传输性能。

6.3.1　室外中远距离可见光通信需求

在室外无线光通信中，较为常用的是激光通信，也称之为自由空间光通信（Free Space Optical Communication，FSO）。相比于 FSO，室外可见光通信具有以下突出的优点：① 可见光通信所在的光谱频段，对人体几乎没有伤害；② 可见光通信的收发两端对准要求低，有一定的辐射范围，适合广播通信；③ 可见光通信与照明结合，且采用强度调制/直接检测方式，设备简单，成本低。当然，相比于 FSO，室外可见光通信的通信速率和传输距离要小很多。概括来说，室外可见光通信的典型应用主要有以下 4 类。

（1）室外智能交通服务

利用可见光通信技术，可以实现汽车与信号灯、路灯之间的信息交互，从而实时下载交通状态等信息；还可以实现汽车与汽车之间的通信，从而构建车联网。目前，日本和欧洲已在该领域取得一系列进展和成果，中国政府也正在大力培育智能交通服务行业。

（2）公用信息广播服务

采用可见光通信，借助灯塔，在照明的同时可以给来往的船只发送天气、导航、进出港等信息；城市的地标建筑、市中心照明灯具，可以给市民推送便民服务信息。

（3）可见光中继信息传输

在城市的楼宇之间，海上舰船编队之间，低空飞行器与地面之间采用的可见光通信，是一种便捷的信息中继传输方式，安装简单，使用灵活，且通信过程是可视的。

（4）可见光应急通信

在外部环境恶劣，且通信基础设施破坏严重的条件下，可见光是一种快速部署的应急通信方式。目前，日本等国家正在研究距离地面数千米的低空可见光气球卫星，主要设想是用于紧急条件下的快速部署通信[26,27,36]。

6.3.2 基于 LED 指示灯的中远距离通信系统

1．长距离弱光传输系统设计

本节提出了基于 LED 指示灯和 SPAD 接收机的长距离弱光通信系统。在发送端，利用一个现场可编程门阵列（FDGA），Xilinx Zyng-7000 进行单极性 OOK 调制的数字信号处理。为了便于实验，我们在 FPGA 开发板上直接焊接级联了一个 LED 状态指示灯作为发光光源（如图 6-13 和图 6-14 所示）。LED 指示灯的电压−电流（*U-I*）转换曲线如图 6-15 所示，当发送比特"1"时，FPGA 电路的输出驱动电压在 *U-I* 曲线的线性范围内，当发送比特"0"时，输出电压为 0 V。

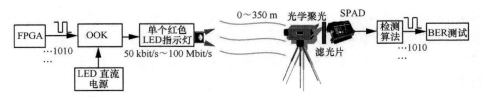

图 6-13 基于单个 LED 指示灯和 SPAD 接收机的 VLC 系统

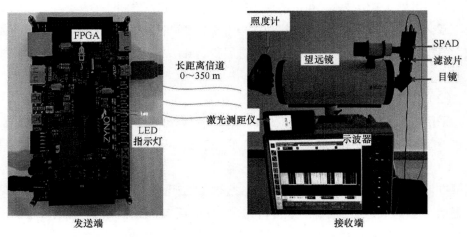

图 6-14 基于单个 LED 指示灯和 SPAD 接收机的 VLC 实验链路

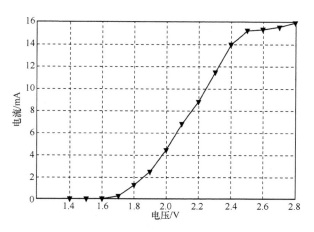

图 6-15　红色 LED 状态指示灯的 *U-I* 特性

　　基于 LED 的 VLC 系统是高度指向性的，接收光功率高度依赖于视距路径。因此，LED 指示灯和接收端的距离、位置偏移都将影响接收信号的质量。为了实现长距离的信息传输，接收端需要设计性能优异的光学聚光接收系统。基于此，利用了一个望远镜（Bosma，Mk24020）的反向链路作为接收机光学系统，尽管望远镜常用它的前向链路观测远方的目标，但其反向链路却具有光学放大作用。在光学聚光方面，针对发送端远距离传输后光束的大小，选择 200 mm 口径的望远镜，利用望远镜的反向光学链路聚光。图 6-16 所示为基于反向望远镜的光学接收模块。首先通过观瞄镜快速获得发送端 LED 指示灯的大体方位，再细调反向光学望远镜，使得其可以接收发送端主光轴部分的能量信号。最终，在反向望远镜的目镜处找到光学焦点，在该点处由 SPAD 检测信号。具体实现方案：通过观瞄镜粗调接收方向，在接收天线焦点附近安装 SPAD 探测器，调节接收望远镜的焦距使光斑的大小适中后，根据光斑图像调整接收分系统的方位和俯仰角，微调旋转、俯仰方向直至输出信号最大。简而言之，各部分具体功能为：望远镜，接收发射端的光；观瞄镜，粗调接收方向的参考；探测器，探测光能量。

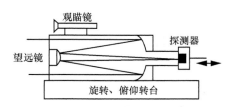

图 6-16　反向望远镜光学接收模块

此外，在 SPAD 的接收前端，利用一个红色带通滤光片（峰值 630 nm）尽可能地滤除周围的背景光噪声，背景光通过一个光照度计（Everfine，Z-10）来测量。最后，采用一个商用的 SPAD（Excelitas Technologies，SPCM-AQRH-15-FC）接收光信号，并级联一个数字存储示波器（Digital Storage Oscilloscope，DSO）Agilent DSO9064A。SPAD 接收机和红色带通滤光片位于望远镜目镜的正上方，并由一些经过特殊 3D 打印的材料固定，这种设计的结构可以确保来自于 LED 指示灯的光强信号尽可能地位于 SPAD 的有效检测区域。其他使用的 SPCM-AQRH-15-FC 的参数见表 6-5。

表 6-5　利用的一些 SPCM-AQRH-15-FC 的参数

参数	值
暗计数率	50 计数/s
输出脉宽	7 ns
死时间	20 ns
有效检测区域	180 μm
检测波长范围	400～1 100 nm
峰值检测波长范围	600～750 nm

发送端和接收端的传输距离由一个激光测距仪（Swiss Technology，D810 Touch）测量。尽管 D810 的有效最大探测距离为 250 m，但是我们可以通过分段测量、累计求和的方法测得其传输距离。

为了观察接收到的光子计数脉冲波形、单个符号周期内输出的最大光子计数值和实际的死时间效应，我们分别测量了传输速率 R_b =0.5 Mbit/s、1 Mbit/s、2 Mbit/s、5 Mbit/s、10 Mbit/s、50 Mbit/s 时的系统参数。LED 指示灯和 SPAD 接收机的距离约为 1 cm。

图 6-17 所示为不同传输速率时的实际脉冲周期。图 6-18 所示为不同传输速率时实际的光子计数脉冲周期，每个符号周期内对应的最大接收到的光子数，见表 6-6。因此，从图 6-17、图 6-18 和表 6-6 我们可以得出以下的结论。

① 每个符号周期内，基于 SPAD 接收波形的光子计数脉冲序列，单个符号周期的波形由多个光子计数脉冲组成，这和传统的基于 PD 和 APD 的连续波形有明显的差异。此外，这些光子计数脉冲波形的幅度基本相等。

② 测量结果显示 SPAD 实际的死时间在 25～28 ns 之间浮动，这个时间明显长

于理论值 20 ns。这是因为淬火电路、后脉冲和环境温度等都会对死时间产生影响。同时，死时间独立于光功率和传输速率。因此，在不同传输速率下，最大光子计数值低于理论值 K_{max}。

③ 当速率 R_b =50 Mbit/s 时，测量得到的光子计数值趋于饱和，最大光子计数值为 1；当传输速率 R_b > 50 Mbit/s 时，光子计数带来的损失将会引起严重的削峰失真问题。即单个 SPAD 接收机的传输速率限制在数十 Mbit/s 量级。

④ 死时间效应使得实际 SPAD 的概率统计分布并非是标准的泊松分布。

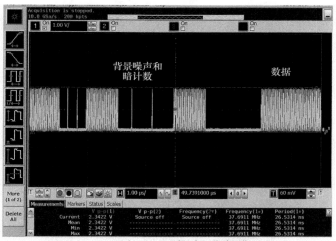

(a) 1 Mbit/s时的实际脉冲周期

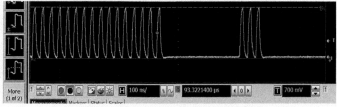

(b) 10 Mbit/s时的实际脉冲周期

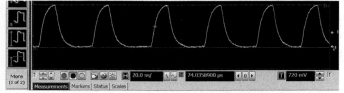

(c) 50 Mbit/s时的实际脉冲周期

图 6-17 不同传输速率时的实际脉冲周期

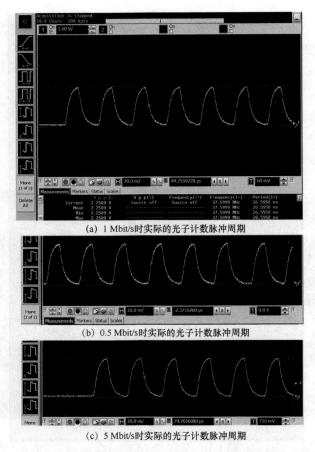

(a) 1 Mbit/s时实际的光子计数脉冲周期

(b) 0.5 Mbit/s时实际的光子计数脉冲周期

(c) 5 Mbit/s时实际的光子计数脉冲周期

图 6-18　不同传输速率时实际的光子计数脉冲周期：死时间

表 6-6　测得的实际光子计数值

速率	理论值 K_{max}	实际值
0.5 Mbit/s	100	81
1 Mbit/s	50	39
2 Mbit/s	25	20
5 Mbit/s	10	9
10 Mbit/s	5	4
50 Mbit/s	1	1

2. 同步方案和检测算法

依据先前关于 SPAD 接收机的分析，在本小节中，将主要研究基于实际 SPAD

光子计数脉冲波形下的同步方案和检测算法。

（1）光子计数脉冲波形的同步设计

在本部分中，对于接收到的脉冲波形，提出光子计数脉冲同步（Photon-Counting Pulse Synchronization，PCPS）方案和参数估计方案。同时，每个帧结构中由 l_t 个训练符号组成的训练序列和 l_d 个数据符号组成的数据序列构成。应用 m 序列进行同步估计，且 $l_t =127$，$l_d =4\,873$。

提出的同步方案和传统的低通滤波采样方案相似。随机采样接收的光子计数脉冲序列，记录每个符号时间周期 T_d 内的光子数，$y_{1,j}$ 是第 j 个符号在第一次采样的计数。记录该接收脉冲序列第二次延迟 T_d / N 时的光子数 $y_{2,j}$，重复该过程直到延迟 $(N-1)T_d / N$ 时间，记为 $y_{N,j}$。事实上，延迟周期指数 N 服从 $1 < N \leqslant K_{\max}$，$K_{\max} = \lfloor 1 / \delta \rfloor +1 = \lfloor T_d / \tau \rfloor +1$ 是每个周期内最大的光子计数值，$\delta = \tau / T_d$ 为死时间率，τ 是固定的死时间。最优的采样点是采样得到光子计数值和同步序列做相关运算后得到的最大值时的位置。

$$R_i = \sum_{j=1}^{l_t} y_{i,j} \times (2s_{m,j} - 1),\ 1 < i \leqslant N \leqslant K_{\max} \qquad (6\text{-}15)$$

其中，$s_{m,j}$ 是 m 序列的第 j 个符号，并且 $s_{m,j} \in (0,1)$。

同步结束后，信道参数估计遵循以下的准则。

$$\lambda_1 = \frac{Y_{m1}}{N_{m1}},\ \lambda_0 = \frac{Y_{m0}}{l_t - N_{m1}} \qquad (6\text{-}16)$$

其中，λ_1 表示发送端光功率的有效光子计数值，λ_0 是背景光和暗计数 DCR 引起的光子计数值，$N_{m1} \in \{0,1,2,\cdots,l_t\}$ 是比特"1"的个数，Y_{m1} 是和 m 序列中比特"1"位置匹配的接收统计光子计数值的总和。同理，Y_{m0} 是和 m 序列中比特"0"位置匹配的接收统计光子计数值的总和。

（2）死时间约束的 SPAD 输出实际概率分布

令 $\lambda_{s_k} = c_{\text{PDE}} h n_s s_k + n_b, s_k \in (0,1)$ 表征 SPAD 平均接收到的光子计数值，c_{PDE} 为 SPAD 检测效率，h 表征衰落信道，n_s 是 LED 指示灯的发送光子数，n_b 是背景光和暗计数引起的光子数。

当考虑死时间效应时，SPAD 的输出统计特性将不是标准的泊松分布。假设到达的光子 $y_k < K_{\max}$，光子到达的时间分比为 $t_1, t_2, \cdots, t_{y_k}$，$0 \leqslant t_1 \leqslant t_2 \leqslant \cdots \leqslant t_{y_k} < \tau$。在时间周期 $[0,\tau]$ 内，采样概率密度为 $p(t_1, t_2, \cdots, t_{y_k}, K = y_k; T_d, \tau)$，可以认为是一个

由死时间影响的理想计数过程。为了简化符号表示，采样概率函数记为 $p(t_1, t_2, \cdots, t_{y_k}, K = y_k)$。

$$p(K=0)=\mathrm{e}^{-\lambda_{s_k}}$$

$$p(t_1, K=1)=\frac{\lambda_{s_k}}{T_\mathrm{d}}\mathrm{e}^{-\lambda_{s_k}(1-\delta)}$$

$$\vdots \qquad\qquad (6\text{-}17)$$

$$p(t_1, t_2, \cdots, t_{y_k-1}, K = y_k-1)=\left(\frac{\lambda_{s_k}}{T_\mathrm{d}}\right)^{y_k-1}\mathrm{e}^{-\lambda_{s_k}(1-(y_k-1)\delta)}$$

其中，$t_i + \tau \leqslant t_{i+1}$，$i = 1, 2, \cdots, y_k-1$。第 y_k 个到达时刻，在计数时间 T_d 内，t_{y_k} 有可能落入或者超过最后一个死时间 τ，因此，依赖于 t_{y_k}。

$$p(t_1, t_2, \cdots, t_{y_k}, K = y_k) = \begin{cases} \left(\dfrac{\lambda_{s_k}}{T_\mathrm{d}}\right)^{y_k}\mathrm{e}^{-\lambda_{s_k}(1-y_k\delta)}, & t_{y_k} < T_\mathrm{d} - \tau \\[2mm] \left(\dfrac{\lambda_{s_k}}{T_\mathrm{d}}\right)^{y_k}\mathrm{e}^{-\lambda_{s_k}\left(\frac{t_{y_k}}{T_\mathrm{d}}-(y_k-1)\delta\right)}, & t_{y_k} > T_\mathrm{d} - \tau \end{cases} \qquad (6\text{-}18)$$

为了获得在时间周期 $[0, T_\mathrm{d}]$ 内接收 y_k 个光子的概率，式（6-18）需要在时间 $t_1, t_2, \cdots, t_{y_k}$ 上积分。定义域 $\{\mathbb{R}\}$ 为在时间 $t_1, t_2, \cdots, t_{y_k}$ 内所有可能的值，可以分为两个子集 $\{\mathbb{R}\}=\{\mathbb{R}_1\}\cup\{\mathbb{R}_2\}$，$\{\mathbb{R}_1\}$ 表征所有 $t_{y_k} < T_\mathrm{d} - \tau$ 时，所有 y_k 个光子完全落入 $[0, T_\mathrm{d}]$ 内，$\{\mathbb{R}_2\}$ 表征所有 $t_{y_k} > T_\mathrm{d} - \tau$ 时，检测完 y_k 个光子后，仍有剩余光子超过 $[0, T_\mathrm{d})$。因此，时段 $[0, T_\mathrm{d})$ 内，检测 y_k 个光子的概率为

$$p_K(y_k) = p_1(y_k) + p_2(y_k) \qquad (6\text{-}19)$$

其中，

$$p_1(y_k)=\int\limits_{\{\mathbb{R}_1\}} p(t_1, t_2, \cdots, t_{y_k}, K = y_k)\mathrm{d}t_{y_k}\cdots\mathrm{d}t_1$$

$$p_2(y_k)=\int\limits_{\{\mathbb{R}_2\}} p(t_1, t_2, \cdots, t_{y_k}, K = y_k)\mathrm{d}t_1\cdots\mathrm{d}t_{y_k}$$

属于子集 $\{\mathbb{R}_1\}$ 的光子到达时间 $t_1, t_2, \cdots, t_{y_k}$ 必须满足不等式（6-20）。

$$\begin{cases} 0 \leqslant t_1 \leqslant T_\mathrm{d} - y_k\tau \\ t_1 + \tau \leqslant t_2 \leqslant T_\mathrm{d} - (y_k\text{-}1)\tau \\ \qquad\quad \vdots \\ t_{y_k-1} + \tau \leqslant t_{y_k} \leqslant T_\mathrm{d} - \tau \end{cases} \qquad (6\text{-}20)$$

因此，关于 $p_1(y_k)$ 的积分可以重新记为

$$p_1(y_k)=\frac{[\lambda_{s_k}(1-y_k\delta)]^{y_k}}{y_k!}e^{-\lambda_{s_k}(1-y_k\delta)} \qquad (6\text{-}21)$$

对于子集 $\{\mathbb{R}_2\}$，检测时间 $t_1,t_2,\cdots,t_{y_k}$ 满足不等式（6-22）。

$$\begin{cases} T_d-\tau \leqslant t_{y_k} \leqslant T_d \\ (y_k-2)\tau \leqslant t_{y_k-1} \leqslant t_{y_k}-\tau \\ \quad\vdots \\ 0 \leqslant t_1 \leqslant t_2-\tau \end{cases} \qquad (6\text{-}22)$$

则 $p_2(y_k)$ 为

$$p_2(y_k)=\sum_{i=0}^{y_k-1}\frac{\left[\lambda_{s_k}(1-y_k\delta)\right]^i}{i!}e^{-\lambda_{s_k}(1-y_k\delta)}-\sum_{i=0}^{y_k-1}\frac{\left[\lambda_{s_k}(1-(y_k-1)\delta)\right]^i}{i!}e^{-\lambda_{s_k}[1-(y_k-1)\delta]} \qquad (6\text{-}23)$$

因此，

$$p_K(y_k)=p_1(y_k)+p_2(y_k)=\frac{[\lambda_{s_k}(1-y_k\delta)]^{y_k}}{y_k!}e^{-\lambda_{s_k}(1-y_k\delta)}+\sum_{i=0}^{y_k-1}\frac{\left[\lambda_{s_k}(1-y_k\delta)\right]^i}{i!}e^{-\lambda_{s_k}(1-y_k\delta)}-$$

$$\sum_{i=0}^{y_k-1}\frac{\left[\lambda_{s_k}(1-(y_k-1)\delta)\right]^i}{i!}e^{-\lambda_{s_k}[1-(y_k-1)\delta]}=\sum_{i=0}^{y_k}\psi(i,\lambda_{y_k})-\sum_{i=0}^{y_k-1}\psi(i,\lambda_{y_{k-1}}) \qquad (6\text{-}24)$$

其中，$\lambda_{y_k}=\lambda_{s_k}\left(1-\frac{y_k\tau}{T_d}\right)$，$\psi(i,\lambda_{y_k})$ 是一个泊松分布函数，$\psi(i,\lambda_{y_k})=\dfrac{\lambda_{y_k}^i e^{-\lambda_{y_k}}}{i!}$。

当 $y_k=K_{max}$ 时，最后一个检测的光子接收后，死时间在 $[0,T_d)$ 之外，此时

$$p(t_1,t_2,\cdots,t_{y_k},K=y_k)=\left(\frac{\lambda_{s_k}}{T_d}\right)^{y_k}e^{-\lambda_{s_k}\left[\frac{t_{y_k}}{T_d}-(y_k-1)\delta\right]}$$

$$p_K(y_k)=\int\limits_{\{\mathbb{R}'\}}p(t_1,t_2,\cdots,t_{y_k},K=y_k)\,dt_1,\cdots,dt_{y_k} \qquad (6\text{-}25)$$

其中，域 $\{\mathbb{R}'\}$ 定义为不等式（6-26）。

$$\begin{cases} (y_k-1)\tau \leqslant t_{y_k} \leqslant T_d \\ (y_k-2)\tau \leqslant t_{y_k-1} \leqslant t_{y_k}-\tau \\ \quad\vdots \\ \tau \leqslant t_2 \leqslant t_3-\tau \\ 0 \leqslant t_1 \leqslant t_2-\tau \end{cases} \qquad (6\text{-}26)$$

$p_K(y_k)$ 的积分可以计算为

$$p_K(y_k) = 1 - \sum_{i=0}^{y_k-1} \frac{\left[\lambda_{s_k}\left(1-(y_k-1)\delta\right)\right]^i}{i!} e^{-\lambda_{s_k}\left[1-(y_k-1)\delta\right]} \quad (6\text{-}27)$$

因此，在固定的死时间限制 τ 和周期 T_d 下，输出 y_k 个光子计数值的实际概率块函数（Probability Mass Function，PMF）$P_{DT}(y_k, \lambda_{s_k} \mid h)$ 为[26-27]

$$P_{DT}(y_k, \lambda_{s_k} \mid h) = \begin{cases} \displaystyle\sum_{i=0}^{y_k} \psi(i, \lambda_{y_k}) - \sum_{i=0}^{y_k-1} \psi(i, \lambda_{y_k-1}), & y_k < k_{max} \\ 1 - \displaystyle\sum_{i=0}^{y_k-1} \psi(i, \lambda_{y_k-1}), & y_k = k_{max} \\ 0, & y_k > k_{max} \end{cases} \quad (6\text{-}28)$$

之前的研究中，大多数基于 SPAD 接收机的 VLC 系统忽略了死时间效应，SPAD 的输出统计概率分布建模为一个理想的泊松统计模型，其 PMF 为

$$Pr(y_k, \lambda) = \frac{\lambda^{y_k} e^{-\lambda}}{y_k!}, \quad y_k = 0, 1, 2 \cdots \quad (6\text{-}29)$$

图 6-19 是实际情况下考虑死时间效应的 SPAD 概率分布和理想的泊松概率分布，$\lambda = 50$，可以发现实际和理想输出概率分布的显著差异。同时，当 $\tau \to 0$ 时，$P_{DT}(y_k, \lambda_{s_k} \mid h)$ 趋向于一个标准的泊松分布。

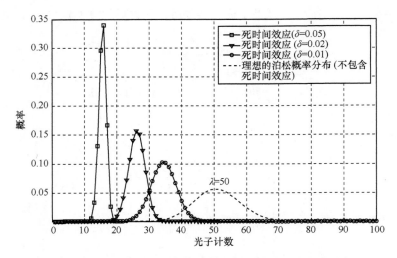

图 6-19　实际死时间效应限制下和理想泊松的 SPAD 概率分布

（3）死时间约束的广义最大似然联合检测（Generalized Maximum Likelihood Union Detection，GMLUD）

自由光空间 FSO 信道条件下的对数正态分布、Gamma-Gamma 和负指数函数衰落模型，差异主要来自于自由空间信道不同的湍流条件。当湍流衰落增强时，需要较高的信噪比或者发送功率。因此，在本章的实验研究中，我们不考虑特定的衰落模型。

但是，由于概率分布的复杂性，通常很难分析 $P_{\mathrm{DT}}(y_k, \lambda_{s_k} \mid h)$ 的解析式。依据之前 $y_k < K_{\max}$ 的实验结果，关于 $P_{\mathrm{DT}}(y_k, \lambda_{s_k} \mid h)$，可以做一个合理的假设为

$$
\begin{aligned}
P_{\mathrm{DT}}(y_k, \lambda_{s_k} \mid h) &= \sum_{i=0}^{y_k} \psi(i, \lambda_{y_k}) - \sum_{i=0}^{y_k-1} \psi(i, \lambda_{y_{k-1}}) = \\
&\psi(y_k, \lambda_{y_k}) + \sum_{i=0}^{y_k-1} \left[\psi(i, \lambda_{y_k}) - \psi(i, \lambda_{y_{k-1}}) \right] \approx \\
&\frac{\left[\lambda_{s_k}(1 - y_k \delta) \right]^{y_k}}{y_k!} \mathrm{e}^{-\lambda_{s_k}(1 - y_k \delta)}
\end{aligned}
\tag{6-30}
$$

因此，我们可以得出已知信道状态信息（Channel State Information，CSI）时，逐符号的最大似然（Maximum Likelihood，ML）检测门限 ρ_k。

$$
\rho_k = \frac{P_{\mathrm{DT}}(y_k, \lambda_1 \mid h)}{P_{\mathrm{DT}}(y_k, \lambda_0 \mid h)} = \frac{\dfrac{\left[\lambda_1(1 - y_k \delta) \right]^{y_k}}{y_k!} \mathrm{e}^{-\lambda_1(1 - y_k \delta)}}{\dfrac{\left[\lambda_0(1 - y_k \delta) \right]^{y_k}}{y_k!} \mathrm{e}^{-\lambda_0(1 - y_k \delta)}} = \left(1 + \frac{n_s}{n_b} h \right)^{-n_b(1 - y_k \delta)}
\tag{6-31}
$$

其中，$\lambda_1 = n_s h + n_b = n_s h + \lambda_0$，$\lambda_0 = n_b$。

事实上，湍流引入的信道衰落在一个较短的时隙内 h 是一个常数。为了利用丰富的信道瞬时相关信息，我们提出基于死时间效应限制下，多个光子计数符号下的广义最大似然联合检测方案。考虑信道具体衰落分布时，GMLUD 的判决准则如下。

$$
\hat{s} = \arg \max_{\hat{s}} \int_0^\infty \prod_{k=1}^{l_d} P_{\mathrm{DT}}(y_k, \lambda_{s_k} \mid h) f(h) \mathrm{d}h
\tag{6-32}
$$

其中，$\hat{s}$ 估计的发送信号向量，在消除了不相关的常数项后，重新将式（6-32）写为

$$
\hat{s} = \arg \max_{\hat{s}} \int_0^\infty \left(\frac{n_s}{n_b} h + 1 \right)^{Y_{\mathrm{on}}} \exp^{-N_{\mathrm{on}} n_s h + Y_{\mathrm{on}} \delta n_s h} f(h) \mathrm{d}h
\tag{6-33}
$$

其中，$N_{\mathrm{on}} \in 0, 1, 2, \cdots l_d$ 是估计的比特"1"的个数，Y_{on} 是假设向量中比特"1"对应的

接收统计光子数之和，即 $Y_{on} = \sum\limits_{k_i \in S_{on}} y_{k_i}$ ， $S_{on} \triangleq \{k_i \in 1, 2, \cdots, l_d : s_{k_i} = 1\}$ ， $\hat{s}$ 其余位置为

比特"0"。

提取式（6-33）的主项部分 $\Lambda = \left(1 + \dfrac{n_s}{n_b} h\right)^{Y_{on}} \exp^{-N_{on} n_s h + Y_{on} \delta n_s h}$ ，然后对 Λ 求关于 h

的微分，并让该微分值等于 0。那么，信道估计值 $\hat{h}$ 为

$$\hat{h} = \frac{1}{n_s} \left(\frac{Y_{on}}{N_{on} - Y_{on}\delta} - n_b \right) \tag{6-34}$$

如前文分析 $y_{k_i} \delta = \dfrac{y_{k_i}}{K_{max}} < 1$ ，因此， $N_{on} - Y_{on}\delta > 0$ ，亦即信道估计值 $\hat{h}$ 符合 VLC

中强度调制/直接检测特性。最终，我们将 $\hat{h}$ 代入 $\hat{s}$ 中，并重新记为

$$\hat{s} = \arg\max\nolimits_{\hat{s}} \left(\frac{Y_{on}}{(N_{on} - Y_{on}\delta) n_b} \right)^{Y_{on}} \exp^{-Y_{on} + (N_{on} - Y_{on}\delta) n_b} \tag{6-35}$$

式（6-35）没有信道 h ，即基于光子计数脉冲波形下的 GMLUD 算法可以应用在无信道状态信息 CSI 的条件下。

3. 实验结果与对比分析

（1）近距离下不同死时间率的性能比较

近距离下，我们搭建了一个基于任意波形发生器（Arbitrary Waveform Generator，AWG）3 m 距离的弱光实验系统（如图 6-20～图 6-22 所示）。光源为上文所提到的 LED 状态指示灯（304 RUD），U-I 曲线和图 6-15 相同，从任意波形发生器（Agilent，M8190A）发出 OOK 调制信号，然后由一个比较器将信号输出到 LED 端。SPAD 接收机前端有一个 630 nm 峰值的红光带通滤光片，周围的背景光噪声功率由照度计（Illuminance Meter，Everfine，Z-10）测量。最后，由 SPAD（Excelitas Technologies，SPCM-AQRH-15-FC）接收机接收光强信号，连接到数字示波器（Agilent，DSO9064A）中。传输距离由一个卷尺（Ruler）测量。

图 6-20　基于 SPAD 接收机的近距离弱光实验系统

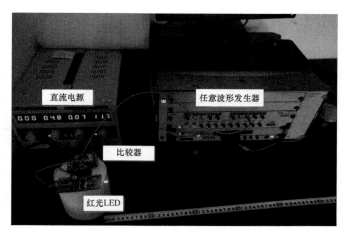

图 6-21　实验系统的发送端

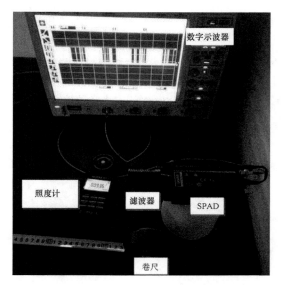

图 6-22　实验系统的接收端

　　提出的算法和理想泊松分布下的算法将在一个 3 m 的自由空间传输距离范围内比较。延迟周期指数 N =5，背景光照度在 4.83～5.15 lx 范围。此外，我们也设计了一些低通滤波器以观测眼图，其−3 dB 频率分别为 100 kHz、500 kHz、2 MHz 和 5 MHz。

　　3 m 传输距离时，不同速率下的 BER 和眼图如图 6-23 和图 6-24 所示。在低速率区域，理想泊松分布下的多符号检测算法和提出的基于死时间效应限制下的 GMLUD 算法的 BER 曲线几近重合。显然，当 $\delta \rightarrow 0$ 时，提出的 GMLUD 算法趋于一个理想的泊松分布；但是，当 $\delta \to 1$ 和速率增加时，所提出的 GMLUD 方案的性能显著优于理想泊松分布下的 GMLUD 算法。事实上，当 R_b 增加，信噪比 SNR 减小时，背景光噪声和暗计数将会起到主要作用。因此，当 $R_b \geqslant 5$ Mbit/s 时，BER 性能将高于 10^{-3}。

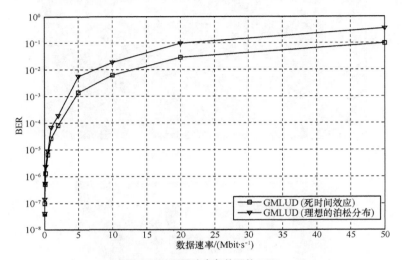

图 6-23　不同速率条件下的 BER

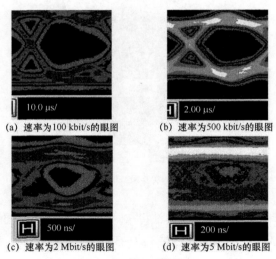

(a)　速率为 100 kbit/s 的眼图　　(b)　速率为 500 kbit/s 的眼图

(c)　速率为 2 Mbit/s 的眼图　　(d)　速率为 5 Mbit/s 的眼图

图 6-24　不同速率下的眼图

由观测波形得到的实际测得的最大光子计数、实际的概率分布 $P_{\mathrm{DT}}(y_k, \lambda_{s_k} \mid h)$ 以及所提出的死时间效应下的 GMLUD 算法可以看出，由于可变的死时间率 δ，它们都和传输速率相关。但是，理想传统的多符号检测 GMLUD 算法忽视了死时间效应，仅仅考虑为理想的泊松分布。因此，所提出的 GMLUD 算法比传统的 MSD 算法性能更优。当信道湍流更强或者传输距离更远时，二者的差异会更明显，在接下来的研究中，我们将会予以证实。

（2）长距离下不同检测算法的 BER 性能

我们分别在室内楼道环境和室外自由光空间环境下测试了系统的性能 （如图 6-25 所示）。

(a) 室内楼道环境　　　　　　　　　(b) 室外环境

图 6-25　不同场景的测试环境

首先，在室外条件和不同传输距离下测试提出的基于死时间效应的 GMLUD 算法和基于理想泊松分布下算法的性能。延迟时间指数 N =5。背景光照度范围为 3.92～6.98 lx，传输速率分别为 R_b = 1 Mbit/s、2 Mbit/s、10 Mbit/s 和 20 Mbit/s。低通滤波器−3 dB 带宽为 1 MHz、2 MHz、10 MHz 和 20 MHz。

BER 性能和眼图分别如图 6-26 和图 6-27 所示。为了更加直观地观察不同检测算法的通信距离，我们设置了一个 BER 为 1×10^{-3} 的基准线，BER=1×10^{-3} 时不同速率下的最大通信距离，见表 6-7。显然，所提出的基于死时间效应下的 GMLUD 算法优于传统的理想泊松分布下的 GMLUD 算法性能。当传输速率 R_b 和死时间率 δ 增加时，两种算法的 BER 曲线差异更加明显。特别的，当传输速率为 R_b =20 Mbit/s、距离为 L =45.640 m 时，基于死时间效应下的 GMLUD 算法的 BER 为 1.29×10^{-3}，远远低于传统的理想泊松分布下 GMLUD 的 BER（9.62×10^{-2}）。

表 6-7　BER 为 1×10^{-3} 时不同速率下的最大通信距离

速率/(Mbit·s⁻¹)	最大通信距离/m	
	理想泊松分布	实际死时间效应
1	126.486	超过 142.543
2	99.231	127.122
10	52.186	73.783
50	24.564	43.295

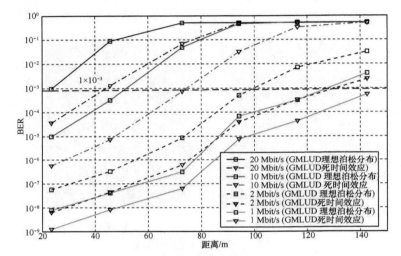

图 6-26　不同检测算法下的 BER 性能

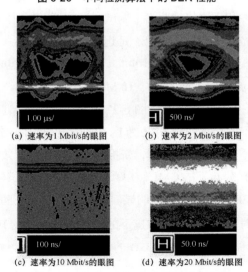

(a) 速率为 1 Mbit/s 的眼图　　(b) 速率为 2 Mbit/s 的眼图

(c) 速率为 10 Mbit/s 的眼图　　(d) 速率为 20 Mbit/s 的眼图

图 6-27　94.184 m 时不同速率下的眼图

（3）不同条件下的通信距离

基于 FPGA 开发板上的 LED 指示灯和所提出的接收端检测模型，本节分别测试室外、室内不同速率下，所提出的基于死时间效应下的 GMLUD 检测算法的通信距离。室外测试选择在黄昏时段，此时背景光源的噪声和干扰相对较小。延迟时间指数 N =10。速率 R_b 分别为 10 kbit/s、100 kbit/s、500 kbit/s 和 1 Mbit/s。

室外环境下，BER 性能和通信距离如图 6-28 所示，R_b =100 kbit/s 时不同距离下的眼图如图 6-29 所示。可以看到，当 R_b =500 kbit/s 时，通信距离约 270 m；R_b =100 kbit/s 时，最大的通信距离是 333.362 m，且其 BER 为 1.22×10^{-3}。此外，我们也比较了 R_b =10 kbit/s 时基于死时间效应和理想泊松分布下 GMLUD 算法的性能。从图 6-28（a）可以看出，死时间效应下的算法稍微优于理想泊松分布下算法，并且趋于重合。这是因为当 $\delta \rightarrow 0$ 时，SPAD 的输出趋向于一个标准的泊松分布。

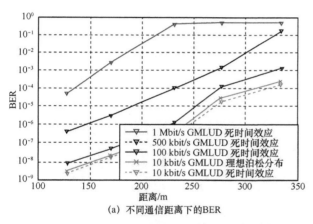

总的距离为225.771+107.591=333.362 m

（a）不同通信距离下的BER   （b）测量的分段距离

图 6-28 不同通信距离下的 BER（室外）

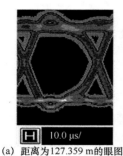
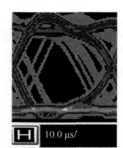
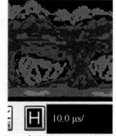

（a）距离为127.359 m的眼图   （b）距离为231.192 m的眼图   （c）距离为333.362 m的眼图

图 6-29 R_b =100 kbit/s 的不同距离下的眼图（室外）

室内环境下，BER 性能和通信距离如图 6-30 所示，不同速率不同距离下的眼图如图 6-31 所示。可以得出和室外条件下相似的结论。在 R_b=100 kbit/s 时，最大的通信距离可以达到 320 m。

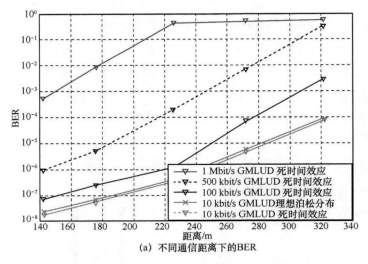

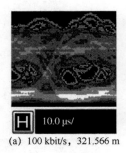

总的距离为
181.214+140.352=321.566 m

(a) 不同通信距离下的BER   (b) 测量的分段距离

图 6-30   不同通信距离下的 BER（室内）

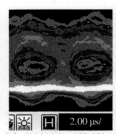 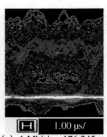

(a) 100 kbit/s, 321.566 m   (b) 500 kbit/s, 272.092 m   (c) 1 Mbit/s, 176.245 m

图 6-31   不同速率在不同距离下的眼图（室内）

（4）长距离 VLC-SPAD 系统的实验总结

在本实验中，调整望远镜的目镜之后，目镜的成像区域将会呈现出 LED 指示灯和周围的发光物质。因此，所提出的长距离 VLC 系统的等效噪声源和干扰主要来自于发送端，这和传统噪声源来自于接收端的结论显著不同。此外，接收端望远镜的光学系统可以有效地滤除附近的背景光噪声。

实验中，最重要的实验步骤是收发端光学准直，这就需要一定的工程实现方法

（SPAD 接收机与目镜的连接等）。通过分析望远镜接收机的多个光学透镜的光学增益，SPAD 器件可以有效地检测微弱光信号。

此外，提出的基于 LED 状态指示灯和 SPAD 接收机的长距离 VLC 系统也可以用于智能电网系统（如图 6-32 所示），以解决高压电力设备和电压控制单元之间的无线隔离和信息传输难题。即 VLC 技术可以代替传统的电缆线传输以及低频的无线通信方案，主要的优势在于其更高的隔离度和避免电磁干扰特性。提出的方案也可以用于典型的高压电力铁塔工业的信息监控。

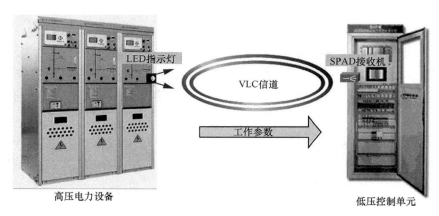

图 6-32 基于指示灯和 SPAD 接收机的 VLC 高低压电力设备应用系统

6.3.3 基于照明灯的中远距离实验系统

远距离可见光通信测试系统，如图 6-33 所示，发送端包括电源、发送处理板和发送驱动电路；接收端包括高灵敏度接收电路、接收处理板和后端的语音播放设备（普通扬声器或者耳机，接口为通用的语音连接线接口）。实验所使用的测试设备，见表 6-8。

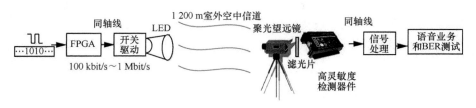

图 6-33 远距离可见光通信测试系统

表 6-8　实验中的测试设备

测试设备	型号
直流稳压源	DF1731SLL3A
望远镜	Bosma MK24020（出厂编号 021758）
数字示波器	Agilent DSO9064A（出厂编号 MY5041010）
PC	Lenovo
激光测距仪	徕卡 Li-ion LR1200（出厂编号 C160485250）

系统测试时，发送端循环发送随机生成的伪随机比特序列，接收端则进行信号帧同步并实时解调还原出比特信息。测试步骤如下。

① 通过激光测距仪和地图等确定通信双方之间的物理距离。

② 通过数字示波器分别观察接收部分电路输出的数字电信号，并测量出信号中的码元（或比特）持续时间。截图存照，读出数据并换算成传输速率记录下来。

③ 利用接收部分后端处理电路将恢复出来的比特数据与原始发送信息逐一比对，统计出总传输比特数和累计错误比特数，并记录下来，算出实时系统误比特率。

④ 测试是否可以实现语音通信，通信接口为普通耳机接口，或者直接连接外放设备。

⑤ 测试是否可以实现文本传输。

图 6-34 所示为基于 SPAD 的中远距离可见光通信系统。基于提出的 SPAD 死时间效应下的相应检测算法和接收端结构，在距离 1 244 m 室外环境下，实现了实时通信速率为 1 Mbit/s、误比特率 BER 低于 10^{-7} 的性能（如图 6-35 所示）以及实时传输语音业务、文本传输业务。该成果可以用于智能交通、灯塔通信、电磁频谱干扰下的中继通信等室外环境。

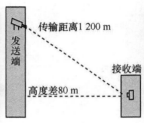
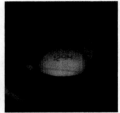

(a) LED 发送端　　　(b) 可见光接收端　　　(c) 收发端相对位置　　(d) 1 244 m 传输距离测量

图 6-34　基于 SPAD 的中远距离可见光通信系统

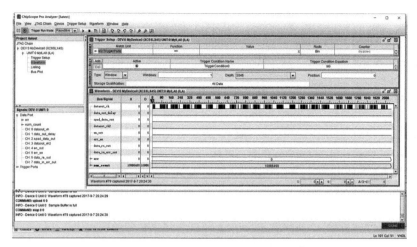

图 6-35　系统测试的实时 BER 低于 10^{-7}

6.4　小结

　　本章提出基于 SPAD 接收机下的室外（灯塔通信、智能交通）、水下远距离可见光信息传输。在此基础上，由于 LED 状态指示灯广泛存在于实际的电路板中，提出的基于 FPGA 开发板上 LED 指示灯的弱光方案，还可应用于智能电网高低压电路隔离网络之间的信息传输、高压电力铁塔工业的信息监控，以避免传统无线通信中的电磁干扰问题。

　　以上基于实际 SPAD 器件特性的理论分析和前期室内外测试，将会为后续的研究奠定坚实的基础。未来，我们将在舟山群岛海域进行实际的水下长距离 UVLC-SPAD 系统的相关测试和理论分析。

参考文献

[1] BENJAMIN S, JEFFREY A N, CHARALAMPOS C T. Spread-spectrum techniques for bio-friendly underwater acoustic communications[J]. IEEE Access, 2018, 6: 4506-4520.

[2] HAN J, ZHANG L L, ZHANG Q F, et al. Eigendecomposition-based partial FFT demodulation for differential OFDM in underwater acoustic communications[J]. IEEE

Transactions on Vehicular Technology, 2018, 67(7): 6706-6710.

[3] ZENG R, WANG Y J. Orthogonal angle domain subspace projection based receiver algorithm for underwater acoustic communication[J]. IEEE Communications Letters, 2018, 22(5): 1102-1105.

[4] AKYILDIZ I F, POMPILI D, MELODIA T. Underwater acoustic sensor networks: research challenges [J]. Ad Hoc Networks, 2005, 2(3): 257-279.

[5] SOZER E M, STOJANOVIC M, PROAKIS J G. Underwater acoustic networks[J]. IEEE Journal of Oceanic Engineering, 2000, 25(1): 72-83.

[6] DUNTLEY S Q. Light in the sea[J]. Journal of the Optical Society of America, 1990, 1(1): 107.

[7] QARABAQI P, STOJANOVIC M. Statistical characterization and computationally efficient modeling of a class of underwater acoustic communication channels[J]. IEEE Journal of Oceanic Engineering, 2013, 38(4): 701-717.

[8] LUCANI J D E, MEDARD M, STOJANOVIC M. Underwater acoustic networks: channel models and network coding based lower bound to transmission power for multicast[J]. IEEE Journal on Selected Areas in Communications, 2008, 26(9): 1708-1719.

[9] KARP S. Optical communications between underwater and above surface (satellite) terminals[J]. IEEE Transactions on Communications, 1976, 24(1): 66-81.

[10] ZENG Z Q, FU S, ZHANG H H, et al. A survey of underwater optical wireless communications[J]. IEEE Communications Surveys Tutorials, 2016, 19(1): 204-238.

[11] ANDREWS L C, PHILLIPS R L. Laser beam propagation through random media[M]. [S.l.] SPIE Press, 2005.

[12] MOREL A, LOISEL H. Apparent optical properties of oceanic water: dependence on the molecular scattering contribution[J]. Applied Optics, 1998, 37(21): 4765-4776.

[13] KHALIGHI M A, GABRIEL C, HAMZA T, et al. Underwater wireless optical communication: Recent advances and remaining challenges[C]//International Conference on Transparent Optical Networks (ICTON), July 6-10, 2014, Graz. Piscataway: IEEE Press, 2014.

[14] KARP S. Optical communications between underwater and above surface (satellite) terminals[J]. IEEE Transactions on Communications, 1976, 24(1): 66-81.

[15] ARNON S. Underwater optical wireless communication network[J]. Optical Engineering, 2010, 49(1): 1-6.

[16] JARUWATANADILOK S. Underwater wireless optical communication channel modeling and performance evaluation using vector radiative transfer theory[J]. IEEE Journal on Selected Areas in Communications, 2008, 26(9): 1620-1627.

[17] ARNON S. Underwater optical wireless communication network[J]. Optical Engineering, 2010, 49(1): 1-6.

[18] JAMALI M V, NABAVI P, SALEHI J A. MIMO underwater visible light communications: comprehensive channel study, performance analysis, and multiple-symbol detection[J]. IEEE

Transactions on Vehicular Technology, 2018, 67(9): 8223-8237.

[19] JAMALI M V, SALEHI J A. On the BER of multiple-input multiple-output underwater wireless optical communication systems[C]//IEEE 4th International Workshop on Optical Wireless Communications (IWOW), September 7-8, 2015, Istanbul. Piscataway: IEEE Press, 2015.

[20] JAMALI M V, SALEHI J A, AKHOUNDI F. Performance studies of underwater wireless optical communication systems with spatial diversity: MIMO scheme[J]. IEEE Transactions on Communications, 2017, 65(3): 1176-1192.

[21] JAMALI M V, CHIZARI A, SALEHI J A. Performance analysis of multihop underwater wireless optical communication systems[J]. IEEE Photonics Technology Letters, 2017, 29(5): 462-465.

[22] JAMALI M V, AKHOUNDI F, SALEHI J A. Performance characterization of relay-assisted wireless optical CDMA networks in turbulent underwater channel[J]. IEEE Transactions on Wireless Communications, 2016, 15(6): 4104-4116.

[23] SHAFIQUE T, AMIN O, ABDALLAH M, et al. Performance analysis of single-photon avalanche diode underwater VLC system using ARQ[J]. IEEE Photonics Journal, 2017, 9(5): 2743007.

[24] WANG C, YU H Y, ZHU Y J. A long distance underwater visible light communication system with single photon avalanche diode[J]. IEEE Photonics Journal, 2016, 8(5): 7906311.

[25] WANG C, YU H Y, ZHU Y J, et al. Blind detection for SPAD based underwater VLC system under poisson-gaussian mixed noise model[J]. IEEE Communications Letters, 2017, 21(12): 2602-3605.

[26] WANG C, YU H Y, ZHU Y J, et al. Experimental study on SPAD based VLC systems with an LED status indicator[J]. Optical Express, 2017, 25 (23): 28783-28793.

[27] WANG C, YU H Y, ZHU Y J, et al. Multi-LED parallel transmission for long distance underwater VLC system with one SPAD receiver[J]. Optical Communications, 2018, 410: 889-895.

[28] WANG C, YU H Y, ZHU Y J, et al. Multiple-symbol detection for practical SPAD-based VLC system with experimental proof[C]//IEEE Global Communications Conference (IEEE Globecom 2017), December 4-8, 2017, Singapore. Piscataway: IEEE Press, 2017.

[29] MAO T Q, WANG Z C, WANG Q. Receiver design for SPAD-based VLC systems under Poisson-Gaussian mixed noise model[J]. Optical Express, 2017, 25(2): 799.

[30] LIU X, GONG C, LI S, et al. Signal characterization and receiver design for visible light communication under weak illuminance[J]. IEEE Communications Letters, 2016, 20(7): 1349-1352.

[31] ZHANG J, SI-MA L H, WANG B Q, et al. Low-complexity receivers and energy-efficient constellations for SPAD VLC systems[J]. IEEE Photonics Technology Letters, 2016, 28(17): 1799-1802.

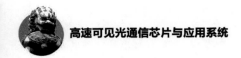
[32] FISHER E, UNDERWOOD I, HENDERSON R. A reconfigurable 14-bit 60 Gphoton/s single-photon receiver for visible light communications[C]//ESSCIRC, September 17-21, 2012, Bordeaux. Piscataway: IEEE Press, 2012.

[33] FISHER E, UNDERWOOD I, HENDERSON R. A reconfigurable 14-bit 60 GPhoton/s single-photon receiver for visible light communications[C]//European Solid-State Circuits Conferences, September 17-21, 2012, Bordeaux. Piscataway: IEEE Press, 2012.

[34] TEICH M C, CANTOR B I. Information, error, and imaging in deadtime-perturbed doubly stochastic poisson counting systems[J]. IEEE Journal Quantum Electron, 1978, 14(12): 993-1003.

[35] SARBAZI E, SAFARI M, HAAS H. Photon detection characteristics and error performance of SPAD array optical receivers[C]//IEEE 4th Int. Workshop on Optical Wireless Communications, September. 7-8, 2015, Istanbul. Piscataway: IEEE Press, 2015.

[36] ALSOLAMI I, CHITNIS D, O'BRIEN D, et al. Broadcasting over photon-counting channels via multiresolution PPM: implementation and experimental results[J]. IEEE Communications Letters, 2012, 16(12): 2072-2074.

[37] SARBAZI E, SAFARI M, HAAS H. On the information transfer rate of SPAD receivers for optical wireless communications[C]//IEEE Global Communications Conferences, December 4-8, 2016, Washington. Piscataway: IEEE Press, 2016.

第 7 章

可见光通信典型行业应用

本章主要研究基于可见光通信的典型行业应用。尽管当前可见光通信技术并没有大规模的应用，然而，在某些特定行业中，可见光却拥有着独特的优势。本章重点对基于可见光通信的短距离无线互联、安全支付、位置服务、无缆化通信、井下巷道综合信息服务系统等进行研究。这些应用将会为未来可见光通信的产业化提供思路和借鉴。

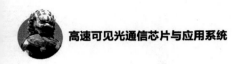

| 7.1 引言 |

面向未来民用与军事无线通信需求，可见光通信在宽带高速、泛在覆盖、安全兼容、融合包容、绿色节能 5 大方面具有技术优势。并且，可见光通信技术与室内信息网络、第五代移动通信、水下信息网络、无人驾驶车辆、家庭机器人、广告新媒体、移动安全支付等诸多新兴重要产业以及照明、金融、电力、线材、海洋等传统重大产业紧密关联，拉动的产业链绵长，潜在市场当量巨大。可以预见，可见光通信将会对现有照明和通信的格局产生巨大的冲击，而这一冲击的强度将是史无前例的。我们只需要"把一颗微芯片放到每个可能成为传输体的灯具中"，将会拥有更干净、更环保、更亮更美好的未来[1-25]！本章将选择几个典型行业应用领域，详细介绍可见光通信技术在这些领域的应用。

| 7.2 可见光短距离互联系统 |

7.2.1 可见光短距离互联系统原理

随着计算机技术的发展，各种电子设备迅速普及，数十年来，智能手机、平板电脑、计算机等也不断推陈出新。然而，设备间"最后几十厘米通信"的问题却一直苦恼着人们，给人们生活带来了极大的不便。

目前，连接器主要分为有线和无线连接两种产品类型。对于有线连接器而言，传统的机械式连接不仅会有线缆的束缚，设备上开孔也破坏了产品的美观，一定程度上扼杀了产品的工业设计。同时，连接器孔洞在长期插拔使用下会造成性能损耗和物理性破坏，电磁干扰（Electromagnetic Interference，EMI）和射频干扰（Radio Frequency Interference，RFI）等信号干扰和无线干扰更是难以避免。短距离无线连接技术在移动设备中的应用开始增多，主要包括紫蜂（ZigBee）协议、蓝牙、无线保真（Wireless-Fidelity，Wi-Fi）、超宽带（Ultra Wide Band，UWB）和近场通信（Near Field Communication，NFC）、红外通信技术（Infrared Data Association，IrDA）、Kiss 连接等技术[4-6]。然而，随着技术的发展，现有的无线连接技术已然不能满足用户对人性化、高速率、时尚外观等性能的要求，暴露出很多问题。

（1）速率低

现有的无线连接技术速率无法满足传输音频流和视频流等容量过大的应用。ZigBee 协议通常传输距离是 10～100 m，传输速率较低，最高 250 kbit/s，主要用于对数据传输速率要求不高的设备之间的数据传输。蓝牙工作在 2.4 GHz 的射频频段，能够在 10 m 的半径范围内进行数据传输，其数据传输带宽可达 1 Mbit/s。但抗干扰能力、信息安全问题等制约着蓝牙技术的进一步发展和应用。IrDA 采用人眼看不到的 980 nm 红外线传输信息，传输速率为 9.6 kbit/s～4 Mbit/s，但是定向的波束特性限制了其进一步的开发利用。近场通信的数据传输速率一般为 106 kbit/s、212 kbit/s 和 424 kbit/s 3 种，最大距离为 0.1 m，主要应用在公交、门禁和手机支付等领域。

（2）频带资源紧张

现在无线频谱资源紧张，很多频段都已经被占用。短距离无线互联技术旨在方便人们的日常生活，因此，所选择的频段应该无电磁污染，对人体无害。超宽带技术利用纳秒至微秒级的非正弦波窄脉冲传输数据，被允许在 3.1～10.6 GHz 的波段内工作，有可能在 10 m 范围内，支持高达 110 Mbit/s 的数据传输率。但是，该技术占用较大的带宽，所以，主要用在雷达和图像系统中。

（3）通信存在安全隐患

从速率、网络类型等各方面考虑，Wi-Fi 技术应用较为广泛，渗透到日常生活的方方面面，然而，其安全性却一直是人们普遍关注的社会问题。外媒相继报道了美国贝尔金等公司的智能家居产品被黑客轻松攻破。2014 年 6 月，央视《消费主张》以"危险的 Wi-Fi"为题，报道了人们日常使用的无线网络存在的巨大安全隐患。公共场所的免费 Wi-Fi 热点有可能就是钓鱼陷阱，而家里的路由器也可能被恶意攻击者轻松攻破。网民在毫不知情的情况下，就可能面临个人敏感信息遭盗取，访问钓鱼网站，甚至造成直接的经济损失。

总体来看，现有技术已经不能满足市场发展需求，越来越高的用户体验需求呼唤着一种拓宽频谱资源、高速、绿色节能、安全的短距离无线连接方式。鉴于此，利用可见光通信芯片组设计一种基于可见光通信的高速短距离光互联系统，打破"最后几十厘米连接"的困境，将短距离无线通信速率提升至 400 Mbit/s。

针对设备之间的数据传输，高速短距离光互联系统将硬件设计和软件设计相结合，提供了一个可见光短距离无线互联的透明传输通道（如图 7-1 所示）。以单向链路为例，在发送端，移动设备发出服务需求，通过 USB 接口实现信息交互，利用数字基带芯片实现 VLC 信号处理，然后进入光电前端芯片，最后驱动发光二极管发光，电光转换将信息发送出去。在接收端，光敏二极管检测器实现光电转换，然后通过光电前端芯片，将接收到的信息送到数字基带芯片进行解调译码，最后通过 USB 接口，将信息传输到接收设备中。最终，该系统实现了高速、绿色、安全的短距离双向可见光互联通道。

图 7-1　高速短距离光互联系统

高速短距离光互联系统将可见光通信技术应用于短距离无线连接，克服现有"最后几十厘米通信"技术局限，开创新型高速短距离光互联技术。新的技术，新的体验，以期能够改变数十年来人们的生活方式。

（1）高速短距离无线通信

可见光通信拓宽了频带资源，用户无须授权即可使用，缓解了频带资源紧张的瓶颈。轻轻松松摆脱数据线，快快乐乐共享资料库，给用户设备融合的新体验。

（2）人性化设计，不需要插拔

只要设备靠近，即可实现无线光互联。在户外旅游等时，不再经受"剪不断、理还乱"的困扰。此外，也不必要担心多次插拔，造成接口损坏，提高设备使用寿命。

（3）通信安全，高可靠性

可见光通信具有较好的保密性，只要可见光束辐射不到的区域，照明信息网内的信息就不会外泄，数据互传时不用时时担心钓鱼陷阱。

（4）绿色无污染，可用性无处不在

可见光对人体无害，无电磁污染；白光和射频信号不相互干扰，所以，它可以应用在电磁敏感环境中，广泛适用于飞机、医院、工业控制等射频敏感区域。

（5）便于提升颜值

通过使用无线连接器替代物理连接器，减少电子设备的各种外部插口，配以节能的灯芯，设备制造商将会有更大的设计空间，为消费者带来完全无线并具备设计感的设备。

（6）用电更加安全

设备插口减少，能够减轻咖啡溅洒或设备在滑雪过程中进水等日常事故所造成的损坏。

7.2.2　可见光短距离互联典型应用

1. 存储载体的非接触式读写

移动硬盘、U 盘、手机等存储载体与计算机的连接是现代社会必不可少的数据传输方式，而目前最常用的、最能满足用户数据传输需求的连接方式还是采用基于 USB 技术的有线（或插拔）数据传输方式。这就导致人们外出时，需要根据不同的电子设备，携带多种不同的 USB 数据线。采用可见光通信技术（如图 7-2 所示），只需将移动设备靠近或者放置在计算机的可见光互联识别区域，即可实现移动设备与计算机数据连接，不需携带杂乱的数据线、设备开孔，既方便又美观，还能实现数据的安全、高速传输。

以手机间互联为例，但移动设备并不局限于手机，即当两部手机之间需要共享数据时，只需要将手机装有可见光通信模块的一面，相互靠在一起，通过两部手机里的可见光通信模块，建立绿色、安全、可靠、高速的通信链路，实现数据的快速共享。即只要将有数据共享需求的两部手机靠在一起，在其中一部手机中点击共享按钮，数据文件就立刻共享到另一部手机中，简单、方便、快捷。手机间互联如图7-3 所示。

图 7-2　移动设备与计算机互联

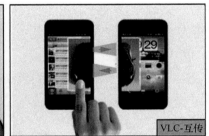

图 7-3　手机间互联

2. 移动设备与车载设备互联

伴随着社会的发展，人们的生活越来越离不开汽车。汽车最大的作用就是扩大了人们日常生活的半径，加速了商品的运输速度，提高了人们的生活品质，让出行更加便利。而目前人们手机与车载系统的通信方式还是以蓝牙和 Wi-Fi 为主，这就限制了通信速率和通信的便捷性，进而降低了人们的用车体验。利用可见光通信技术实现手机与车载系统的无线交互，可以使手机与车载系统之间快速地搭建通信链路，提高通信速率，进而优化用户的用车体验。

基于可见光通信的手机与车载系统无线交互应用只需将手机靠近汽车可见光收发模块即可建立通信链路，方便、快捷、高速。该应用主要从两个方面优化用户体验。

（1）手机与车载系统互联

基于可见光通信技术，在手机与车载系统之间搭建通信链路，利用车载系统播放手机音乐、显示游戏界面以及加载手机中的定位精确的导航地图，避免了车载音乐需要外接存储设备以及导航定期更新等弊端。手机与车载系统互联如图 7-4 所示。

图 7-4　手机与车载系统互联

（2）手机与车载设备互联

基于可见光通信技术，在手机与车载设备之间搭建通信链路，优化用户体验。比如，利用可见光通信技术实现手机与行车记录仪互联，方便用户随时调看、删减行车记录；利用可见光通信技术实现手机与车载投影仪互联，提高车载投影的用户体验。手机与车载设备互联如图 7-5 所示。

图 7-5　手机与车载设备互联

3．可见光车联网

将可见光通信技术应用到车联网领域，主要就是针对无人驾驶汽车研发一种基于可见光成像通信的自适应定位导航技术，利用含有光标签的路灯和路牌作为信号发射源，在车上安装一个可见光低速模块作为信号接收机，通过可见光信息传输实现定位导航功能（如图 7-6 所示），具体的定位导航系统分为信号发送端和接收端。

发送端采用路边或者地面的指示灯作为信号发射源，发送当前光源地址以及行车路线中的下一个指示灯的地址，用于确定车辆的具体位置以及行车路线；由于指示灯分布的密集度较低，通信距离较短，进而使导航定位的误差相对较大且车辆路线相对固定，所以当路灯打开时，通信系统的发送端也完全可以采用照明的路灯作为信号发射源。

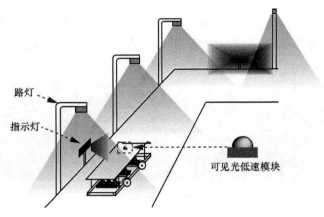

路灯

指示灯

可见光低速模块

图 7-6　定位导航系统

　　接收端采用车上的可见光低速模块接收光标签信息，并通过一个小型光敏器件控制，即当光敏器件接收到光信号时，确定光信号最强的方向，然后通过电动机将低速模块的感光面转向光强最强的方向，并激活低速模块开始接收定位导航信息。

　　可见光成像自适应定位导航系统存在两种信源发射模式。当路灯关闭时，通信系统采用单一的指示灯发射模式，此时车辆路线相对固定（即不能使指示灯与车的相对位置太远），定位精度不高。当路灯打开时，因为指示灯处于常开状态，所以此时通信系统存在两种信号源发射模式，通信系统存在一个自适应调整的过程，即当车离指示灯较近，成像灰度图较好时，采用指示灯作为定位导航的信源，即系统发送端采用通断键控调制技术，接收端采用常规的可见光成像检测技术；当车离指示灯较远，成像灰度图较差时，由于指示灯光强不够，互补金属氧化物半导体（Complementary Metal-Oxide-Semiconductor Transistor，CMOS）抓拍的帧图像明暗条纹不清晰，所以此时采用路灯作为定位导航的信源，即系统发送端采用下采样频移通断键控（Undersampled Frequency Shift OOK，UFSOOK）调制技术，接收端采用对应的帧比较检测技术。（采用路边或者地面的指示灯作为信号发射源，此时的通信距离为 1 m 左右；采用路灯作为信号发射源，此时的通信距离为 5 m 左右。）

　　针对通信系统的自适应选择模式，设计一种自适应数据检测方案。自适应选择模式的通信方式一：发送端采用指示灯作为光源。指示灯采用基于卷帘门效应的常规数据传输方式，直接将数据调制到 4.0 kHz 频率的光信号上，接收端应用程序获得视频或图片的条纹数据后，内部直接完成同步、解调、判决，从而恢复得到发送数据。自适应选择模式的通信方式二：发送端采用路灯作为光源。路灯采用 UFSOOK

调制技术，即采用 120 Hz 的 OOK 频率代表信号"0"，105 Hz 的 OOK 频率代表信号"1"，接收端采用前后帧对比的方法进行"0""1"比特判决。因此，设计一种自适应的数据检测方案，根据 CMOS 接收图像灰度图的条纹锐度来自适应改变检测算法，检测不同信源所发送的信号。

7.3 可见光安全支付系统

7.3.1 可见光安全支付系统原理

随着网络支付的普及，手机支付成为许多市民特别是年轻人所热衷的支付方式，不论是超市柜台付款、菜场买菜，还是车站买票、商场购物，人们只需拿出手机，对着收款方二维码扫一扫即可完成扫码支付，操作过程简单便捷。但由于二维码制作门槛低且易被窃取，因此其存在着信息被篡改或伪造的风险，如不法分子趁商家不注意，在商家的收款二维码上贴上自己事先准备好的二维码，即可在家坐等收钱，造成商家极大的财产损失。

可见光安全支付系统采用光二维码双重验证，即联合采用可见光信号与二维码数据进行双重支付信息认证，其原理如图 7-7 所示。具体流程为：当收付款双方达成交易需求时，由收款方生成收款二维码。发送端首先对二维码里嵌入的有效数据进行加密、编码后，再由光电前端芯片驱动 LED 发送出来。在接收端，手机摄像头对光信号进行接收并解调，恢复得到的数据与直接扫描二维码所得的校验数据进行比对，二者一致时则表明验证通过，付款方此次安全支付验证成功。

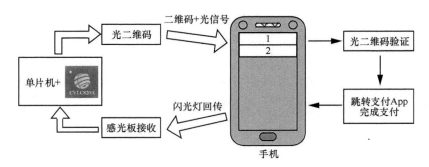

图 7-7 光二维码双重验证原理

可见光安全支付系统的支付流程如图 7-8 所示。

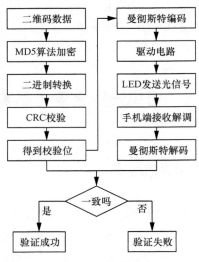

图 7-8　支付流程

（1）光二维码发送端

当收付款双方达成交易需求时，由收款方生成收款二维码。发送端首先对二维码里嵌入的有效数据采用 MD5 算法进行加密，加密结果为 128 bit 固定长度数据，再对此数据采用循环冗余校验得到 15 bit 校验位，对校验位进行曼彻斯特编码后，将编码数据由光电前端芯片驱动 LED 发送出来。

（2）手机 CMOS 摄像头接收端

在接收端，手机摄像头对光信号进行接收并解调，恢复得到的数据与直接扫描二维码所得的校验数据进行比对，二者一致时则表明验证通过，付款方此次安全支付验证成功。

可见光安全支付系统结合可见光通信技术，设计了一种简便易用的光二维码安全计算方法和相应的智能手机应用软件，可有效提升手机扫码支付的安全性、离线性。

① 安全性。可见光信号由于无法被复制且不易受到干扰，具有良好的保密性，可见光和二维码双重验证可避免支付二维码被窃取或伪造带来的交易安全性问题。

② 离线性。针对无网络时的离线支付问题，基于可见光的收付款身份认证方式，可有效解决网络不畅时的支付难题。

7.3.2　可见光安全支付典型应用

1. 可见光离线支付系统

可见光离线安全支付设备是一套不依赖于智能手机的离线支付系统，主要采用可见光通信技术，通过两套可见光通信收发设备，建立可见光信息传输链路，并将相关信息加载在 LED 发出的光线中，进而利用可见光信息传输链路实现了交易双方信息的交互。即结合可见光通信技术高速、安全、可靠、环保等特点，设计了一套离线的、安全的、快捷的支付设备。

可见光离线安全支付设备的预期形态可以是独立结构，也可以集成在现有的设备（比如集成在智能手机、汽车车头灯、行车记录仪、ATM 机等设备）。作为独立产品的预期形态主要特点就是小巧，尺寸大小相当于一个挂在钥匙扣上的手电筒（如图 7-9 所示），方便用户的携带。手电筒的前端包括 LED 和 PD。其中，LED 主要用于发送信息，PD 主要用于接收信息。

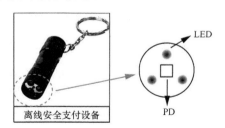

图 7-9　离线安全支付设备的预期形态

可见光离线支付系统，如图 7-10 所示，以高速收费站应用场景为例，主要就是在车主和高速收费站亭之间采用该系统进行信息的交互，实现高速公路过路费的非实时收取。在整个信息的交互过程中，利用可见光通信高速的技术优势，不需要网络就可实现信息的闪传，不需要车辆停车排队、取卡还卡的步骤，提高了收费站的效率、方便了人们的出行。

图 7-10　可见光离线支付系统

具体工作模式分以下两种情况。

① 车辆驶入高速公路时的工作流程（如图 7-11 所示）。当车辆需要驶入高速公路时，车辆在临近收费站的位置，不需停车，车辆通过可见光信道，直接通过支付设备向收费站发送车辆的车牌号、登记车色、省份以及绑定的账号（支付宝或网银等付款账号）等相关信息，收费站在准确接收到信息后，通行信号灯变为绿灯，打开拦车杆，允许通行。

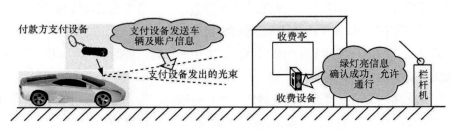

图 7-11　车辆驶入高速公路时的工作流程

② 车辆驶出高速公路时的工作流程（如图 7-12 所示）。当车辆需要驶出高速公路时，车辆在临近收费站的位置，不需停车，车辆通过可见光信道，直接向收费站发送车辆相关信息，收费站根据车辆信息，将相关消费信息（包括该车的驶入高速收费口名称、高速公路行驶路程以及具体收费金额等信息）通过可见光信道回传给车辆的支付设备，支付设备在接收到相关信息后，通过可见光信道向收费站发送一个确认接收到相关信息的信号，收费站收到确认信号后给予车辆通行。有关交易的后续付款事宜，车主可以在安全、方便的时候通过手机账号核对消费金额是否准确并确认付款（如图 7-13 所示），不需实时支付。

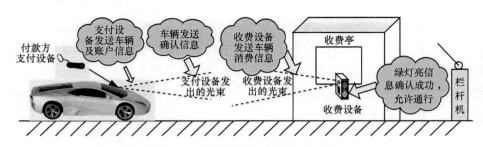

图 7-12　车辆驶出高速公路时的工作流程

2. 可见光安全支付系统

面向智能楼宇的商业店面、银行金融部门等区域，基于可见光通信无电磁信号泄露、不需改造现有移动终端等技术优势，研发基于可见光芯片的可见光安全支付系统。

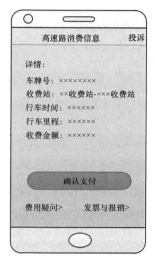

图 7-13　手机付款界面

可见光安全支付系统结合可见光通信和现有的手机二维码支付技术，旨在解决二维码被窃取或恶意更改所造成的个人信息泄露、财产损失等问题。该系统主要实现 3 个功能：光二维码双重验证、手机 App 自动支付跳转、离线支付功能。光二维码原型样机及采用手机闪光灯的付款身份认证分别如图 7-14、图 7-15 所示。

图 7-14　光二维码原型样机

图 7-15　采用手机闪光灯的付款身份认证

在付款方扫描光二维码并验证通过后，用户在手机端选择确认付费，此时智能手机将其身份信息（如支付宝或微信支付 ID）用闪光灯发送出来，收款端通过感光板接收闪光灯信号并记录支付 ID，如此收付款双方则可以在无网络情况下实现双向的支付信息认证。此时依赖支付平台提供的小型信贷服务，当该用户信用额度达到支付平台规定的标准，支付平台将为此次消费先行垫付费用，一段时间后当用户网络条件畅通后可再偿还此费用，解决了无网络支付环境时的交易困难。

7.4　可见光通信位置服务系统

7.4.1　可见光通信位置服务系统原理

目前可见光通信系统大多是基于光电二极管接收。在过去的十年，智能终端发展极为迅猛，摄像头已经成为手机不可或缺的组成部分。而如今的摄像头采用的大都是 CMOS 传感器，所进行拍摄的快门方式是卷帘式快门。卷帘式快门的工作方式是逐行扫描，能够检测到来自 LED 的亮度信息。每帧图像不是在一个时间点一下捕获到的，而是按时间顺序依次扫描或水平激活一行像素的方法得到。如果 LED 发送开关转换频率高于 CMOS 传感器的帧速率，那么明暗条纹可以在一幅图中捕获到。当 LED 发送处于开的状态，明亮的像素点被存储在一行像素中。当 LED 发送处于关的状态，黑暗的像素点被存储在一行像素中。因此，在一幅图里通过捕捉明暗条纹，就能获得高于帧速率的可见光通信数据速率。这个过程完成之后，一行像素在不同的时间捕获被融合到一张图片上，这个时间周期被称为"读出时间间隔"，在此时间周期内，CMOS 传感器是"盲的"，不能探测到信号，如图 7-16 所示[17]。

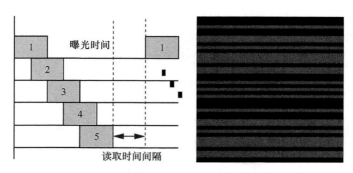

图 7-16　卷帘快门的工作原理（左）卷帘效果图（右）

　　本节利用 CMOS 摄像头的卷帘特性，可将可见光通信技术应用到基于移动终端位置服务领域。基于移动终端的可见光通信位置服务系统是将位置相关的 ID 数据加载到不同的 LED 光源上，接收端通过处理接收到的 ID 数据获取位置信息，其原理，如图 7-17 所示。具体流程为：发送端，将编码后位置数据存放到单片机，再由光电前端芯片驱动 LED 发送出来。接收端，通过室内可见光信道手机 CMOS 摄像头模块对可见光信号进行接收，然后经过摄像头中的光电转换模块将光信号转换成电信号传送到图像传感器，接着图像传感器将处理完成的图像存储到手机里，经过特定的解调算法对图片呈现的明暗信息进行分析解调，最后恢复位置信息。

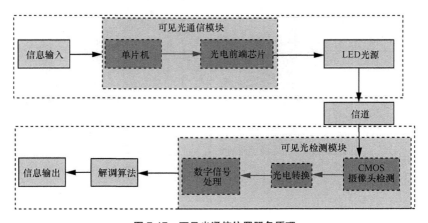

图 7-17　可见光通信位置服务原理

基于移动终端的可见光通信位置服务系统，由可见光通信模块、LED 光源、嵌有 CMOS 摄像头的移动终端、服务器组成。可见光通信模块包含单片机和光电前端芯片、LED 光源（如 LED 射灯、LED 广告屏、LED 台灯）、嵌有 CMOS 摄像头的移动终端（如手机、平板电脑）、服务器（如本地服务器、网络服务器）。系统组成如图 7-18 所示。根据不同的形态，可实现多种的应用。

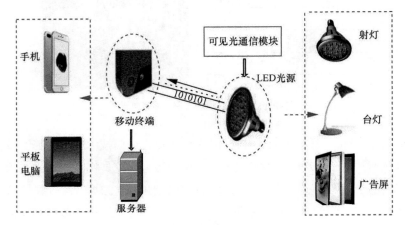

图 7-18　系统组成

基于可见光通信位置服务系统原理，实现了两种形态的系统模型，如图 7-19 所示。

图 7-19　系统模型

7.4.2　可见光通信位置服务典型应用

随着可见光通信技术的日渐成熟及移动终端的普及，基于移动终端的可见光通信位置服务系统具有很大应用前景[18]。图 7-20 所示为位置服务模型，只需将地址信息加载到不同的 LED 光源上，由 LED 灯通过肉眼看不见的高速闪烁的频率将信号发送出来，通过嵌有 CMOS 摄像头的移动终端接收可见光信号并处理，再与服务器的通信，从而实现智能讲解、定位导航、消息推送等多种增值信息服务。

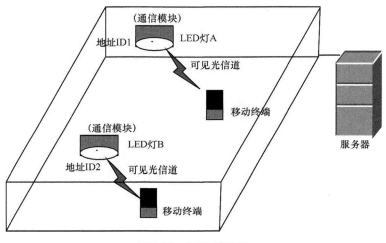

图 7-20　位置服务模型

1. 可见光标签定位

（1）定位服务

传统的可见光定位系统都是以 PD 作为接收端，发送端和接收端以相对固定位置进行定位。而基于 CMOS 摄像头的手持式智能接收端的定位服务系统，不需在接收端附加其他器件，在接收终端上安装 App 软件就可以实现定位服务，更加方便快捷，如图 7-21 所示。

图 7-21　定位服务

（2）导航服务

随着经济的发展，人们在室内的活动越来越多，为了便利生活的宗旨，室内导航已被各个领域应用。如超市、商场、地下停车场、医院等大型场所，基于移动终端的可见光室内导航系统，打开便携式终端接收 LED 灯发送的信号，解调出当前位置以及指示出将要去的位置，在云端数据库就会给出导航路线，解决了全球定位系统在室内无法完成的导航功能问题，帮助人们出行，如图 7-22 所示。

图 7-22   导航服务

（3）智能巡查

电梯已经成为城市内高层建筑和公共场所不可或缺的设备，由于超负荷、长周期运作，维修工作不到位，电梯安全主体责任不能有效落实，导致电梯事故时有发生。为了实现更好的管理，电梯维修人员、小区安全检查人员等达到维修工作地点后，用便携式终端对 LED 灯进行扫描，即可记录人员的到达时间、姓名、工号等信息从而实现考勤，更有效地实现公司对工作人员的管理和监督，如图 7-23 所示。

图 7-23   智能巡查服务

2. 可见光标签增强现实

（1）智能讲解

身处在信息大爆炸的时代，人们对更快、更精准获取信息有了更高的要求。当前比较流行的方式是通过二维码扫描来获取特定信息，但二维码极易被复制，被不法分子利用。而以 LED 光源，移动端相结合的方式，通过便携式终端接收光标签信息，获取系统推送的展品语音讲解和相关文字、视频介绍等服务，可以用在学校、博物馆、展厅、公司产品展销会等场所，该方式绿色安全，方便快捷，如图 7-24 所示。

图 7-24　标签增强现实系统

（2）智慧灯

室内环境是人们生活和工作的主要场所，人的一生中至少有一半的时间都在室内度过，长期处在有污染的室内空气环境中，对人的身体产生极大的伤害。对此，各种空气检测设备应运而生，但大部分的设备要不昂贵，要不烦琐不易操作。而由环境传感器、通信模块、LED 台灯及移动终端组成的智慧灯，学习的同时实时检测室内空气环境质量，方便快捷，绿色安全。

| 7.5　可见光无缆化通信系统 |

7.5.1　可见光无缆化通信系统原理

可见光无缆化通信系统如图 7-25 所示，系统的核心器件是光电前端芯片与数字基带芯片组成的可见光通信芯片组。光电前端芯片负责完成发送端的放大（增益可选），接收端的跨阻放大、差分放大、限幅放大等功能；数字基带芯片主要完成数字接口、信道编码/译码、线路编码/译码、同步等功能。光源可选择 LED 或激光二极管，接收端采用雪崩二极管作为接收器件，支持 RS485、RS422、RS232、RJ45 等主流数据接口。可见光无缆化通信系统在航天运载器、跨高压设备间等特殊场合将有重大应用。

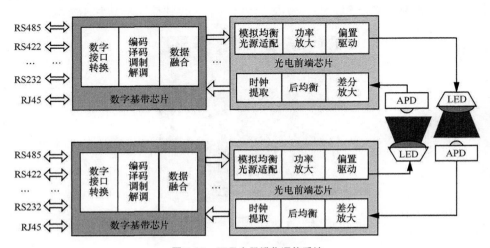

图 7-25　可见光无缆化通信系统

7.5.2　可见光无缆化通信典型应用

1. 面向火箭减肥的无缆通信

运载火箭上电气系统普遍采用铜芯电缆作为设备间电信号传输途径，现有火箭电缆网中用于通信的部分可达 50%以上，此部分电缆如果采用可见光通信技术进行无缆化处理，将使每发火箭的成本大幅下降，具有显著的经济效益。

目前火箭和卫星等飞行器在用和在研的通信途径主要是铜芯线缆、光纤和无线射频，然而火箭箭上因为振动很大，采用光纤通信时光纤损坏概率较大，光纤分路耦合不灵活，不利于信号–信源多信宿的传输；光纤敷设弯曲半径较普通电缆大，不利于火箭箭上狭窄环境；无线射频通信存在电磁兼容问题，可能与其他通信传输产生相互干扰，且保密性较差。当前火箭箭上通信速率要求为 10 Mbit/s，误码率小

于 10^{-8}，未来为了保障信息数据的快速传输与利用，通信速率要求达到 1 Gbit/s，误码率小于 10^{-9}，采用可见光通信技术具有很大技术优势。可见光无缆化通信系统在航天运载器中的应用如图 7-26 所示。

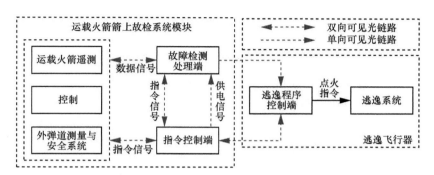

图 7-26　可见光无缆化通信系统在航天运载器中的应用

　　航天运载器舱内及地面发射车等装备内部为避免电磁干扰，保证电磁兼容，大部分通信采用有线电缆的方式，存在布线复杂、线缆沉重、占用较大空间、传输速率有限等众多问题，而采用光纤、无线射频、红外等通信方式替代又存在破损概率大、后期维护成本高、电磁兼容问题突出以及干扰等问题。可见光通信由于通信链路安全稳定、绿色环保、体积小且轻便、不存在电磁兼容问题、传输速率高、在提供绿色照明的同时实现通信功能等众多优势而被人们广泛关注，采用可见光通信技术进行改善研究，将有效降低箭上设备自身重量，提高航天运载器所携有效载荷的质量，并且提供照明功能的同时实现高效通信，具有重大意义。

　　（1）基于可见光通信技术的航天运载器内部通信系统

　　充分结合航天运载器行业背景特殊、环境复杂、动态多变等实际特性，利用 LED 可见光信号作为航天器箭上舱内部信息传递的有效载体，实现不同通信模块之间的高速互联、组网与信息传递。该系统在保证通信可靠、不影响电磁兼容的前提下，有效降低箭上设备的自身重量，提高了航天运载器所携有效载荷的质量的途径。

　　（2）基于可见光通信技术的地面装备内部通信系统

　　主要实现基于可见光通信技术的航天运载器地面装备及洞库内部通信。该系统通过自主设计或选择适合的通信协议，利用可见光通信技术，装备内部不同设备间可组网，避免使用有线电缆，在提供装备内部照明的同时，实现地面设备内各号手之间数据、语音、视频一体化通信，不对外泄露通信信号，保障了地面设备内部通信安全性。

2. 跨高压设备间的无缆交互

近年来，随着电力电子器件性能的不断提高，电力电子技术的应用越来越广泛。电力系统要求高压电子设备稳定性较好，并且抗电磁干扰、耐腐蚀、防潮。否则一旦发生不可预料的故障，将损坏高压电子电气设备，造成巨大的经济损失。而现有高压电子设备系统控制单元与弱电控制单元距离较远，需要较长传输线，因而易受到高压电磁干扰，造成传输稳定性下降，甚至导致控制单元被烧毁。而传统的无线电通信方式在高压环境下会引入较强的电磁干扰，降低了通信可靠性，同时传统无线电通信也存在诸多安全隐患。

双向可见光通信透明传输模块（如图 7-27 所示）提供一种隔离可靠、抗电磁干扰的无线通信方案。其技术优势在于利用可见光无线传输代替传统的有线传输线，利用光信号的高隔离度、抗电磁干扰特性，可较远距离、高可靠地传送交互信息，解决了高压控制单元和弱电单元之间的强弱电隔离通信和抗电磁干扰问题；同时，光信号可以穿透玻璃等材质的高压隔离围栏，降低了传输设备布设难度，代替传输线大大降低了传输成本。可应用到高压铁塔上下设备之间的通信、高低压环境板卡间通信等场景。双向可见光通信透明传输模块结构如图 7-28 所示。

图 7-27　双向可见光通信透明传输模块

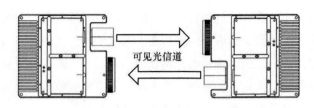

图 7-28　双向可见光通信透明传输模块结构

电力行业中的高低压配电柜之间有大量的信号交互，采用电缆或射频无线通信，存在安全事故。高压铁塔上电压高达 1 万伏以上，和地面存在强电场，铁塔上的信息下载是个难题。利用可见光无线传输，可以解决高压单元和弱电单元之间的信息交互问题，减少事故发生。该系统采用的技术主要有高速可见光通信技术、数据接口复用技术，典型技术指标是通信速率达 480 Mbit/s～10 Gbit/s，距离为 1～20 m。目前，480 Mbit/s 传输系统已经研制完成，下一步将集成到高低压电网系统中进行实验。更高速率系统可随着可见光通信技术的发展而逐步升级。

7.6　地下可见光通信系统

随着国家经济发展，巷道在矿产采掘和城市基础建设领域的应用越来越广泛，例如，地下矿产资源采掘、隧道交通、地铁出行等。然而巷道环境恶劣、空间独特，现有的巷道通信系统在应用时都存在一定局限性。一方面，随着绿色照明的普及和发展，LED 在中国乃至世界得到了广泛应用，这为基于 LED 快速闪烁特性进行信息传输的可见光通信奠定了市场基础。另一方面，基于地下空间无处不在的 LED 照明设施，可见光通信可有效克服地下独特空间的通信约束，实现高速通信、精准定位[19-25]。

7.6.1　地下可见光通信系统原理

地下可见光通信系统采用光电混合新型局域网体系架构，其融合了 VLC 技术、红外连接技术和电力线通信技术。并且，系统根据上下行业务数据量不对称特点，采用上行红外通信、下行可见光通信进行信息传输。其中，可见光通信系统收发端均采用光电前端芯片、数字基带芯片，专芯专用，传输速率高，性能稳定可靠。

地下可见光通信系统采用商用 LED 作为发射端，内置可见光通信芯片组，实现下行高速信息传输；采用红外接收器，实现上行低速率的信息接收。结合独特的地下空间结构以及上、下行信息不对称特性，地下可见光通信系统融合了电力线通信、红外通信，在照明的同时实现了信息传输。如图 7-29 所示，通过电力线（网络线）通信系统实现地面控制室与地下空间的信息传输，而上行红外通信、下行可见光通信的融合网络则实现了地下空间的信息传输。其中，下行可见光通信可实现高速视频传输。

地下可见光通信系统采用智能头盔作为接收端，内置可见光通信芯片组，实现下行高速信息的接收；采用红外发射端，实现上行低速率的信息传输。地下可见光通信系统智能头盔具备人员定位与定位信息回传、控制命令广播信息接收、报警信息回传等功能，如图 7-30 所示，智能头盔通过接收 LED 内置 ID 序列信号，按照内置定位算法实现对自身定位，并通过上行红外通信进行位置信息回传；智能头盔接收下行可见光告警广播信息，通过蜂鸣器向工作人员发出警报信息。工作人员按下信息按钮，即可通过红外发射器发送自身位置信息、报警信息等，从而实现综合信息的上报。

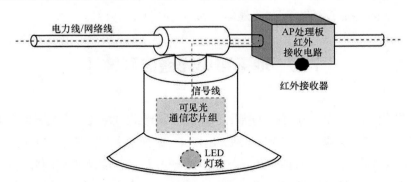

图 7-29 地下可见光通信系统发射端 LED 形态

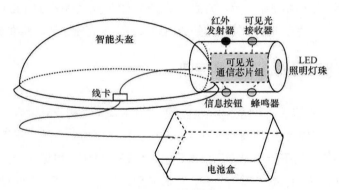

图 7-30 智能头盔形态

智能头盔基于可见光通信技术实现照明区域内移动终端互联互通和定位功能，其既有移动通信的便捷性，但相比传统无线移动通信系统，也具有无电磁辐射、无泄露的独特优势，适用于对电磁敏感、安全保密有特殊要求的应用场景。其功能结构如图 7-31 所示，传感数据上传：支持 RS232 串口、SPI 等数据接口，可连接温度、湿度等传感器；高清视频上传：支持两路 USB 接口 1080P 高清视频采集与上传；语音消息上传：语音采集、存储与上传；语音消息播放：服务器下行或者转发语音的播放；定位信息上传：结合内置 ID 序列 LED，按照内置定位算法实现对自身定位并上传；智能设备连接：通过 USB 扩展接口，连接智能手机和平板电脑。

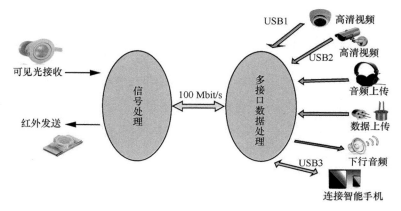

图 7-31　智能头盔功能结构

　　地下可见光通信系统如图 7-32 所示，系统主要分为地面部分和地下部分。地面部分的核心部件是服务器组，包含用于与 LED 照明灯通信的前置通信服务器和用于与用户交互的网管服务器。地下部分的核心器件主要包含两部分，即内置数字基带芯片和光电前端芯片的 LED 和智能头盔。

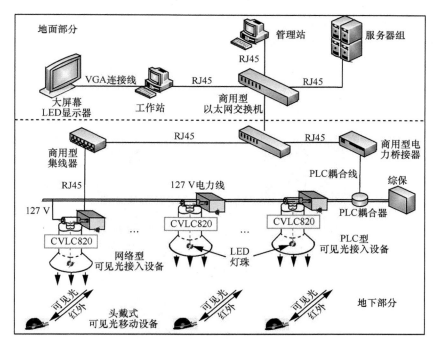

图 7-32　地下可见光通信系统

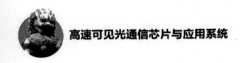
7.6.2 地下可见光通信典型应用

地下可见光通信系统在照明的同时实现了高速信息传输，结合其无电磁辐射、无泄露的独特优势，可广泛应用于地下空间、封闭空间及特殊环境的照明通信，如地下坑道、地铁、隧道、人防工程、大型舰船、核电站、医院等。下面基于地下可见光通信系统着重讲解两种场景下的典型应用。

1. 矿下通信与人员定位系统

基于地下可见光通信的矿下通信与人员定位系统，如图 7-33 所示，该系统将 VLC 技术、IrDA 技术和 PLC 技术成功结合在一起，地面上的人员通过服务器组的上位机界面发送信息，信息通过电力线传输给 LED 照明灯，LED 照明灯与智能头盔之间通过可见光下行通信与红外上行通信进行数据交互。LED 照明灯通过可见光信道发送同步信息（信标帧）及命令、控制、预警信息至智能头盔；智能头盔接收到同步信息及 LED 内置 ID 序列号实现自身定位，然后，通过红外信道上传定位信息至 LED 照明灯；LED 照明灯接收并处理智能头盔的上行数据后，定时将相关信息通过电力线通信网络传输至前置通信服务器，再由前置通信服务器将数据解析处理后提交给管理服务器，上位机软件对数据进行分析处理将地下工作人员位置信息实时显示在屏幕中。上位机软件对数据处理后，可实现的功能为：① 矿下工作人员实时位置显示与查询；② 矿下工作人员运动轨迹收集与跟踪；③ 矿下环境参数（温度、湿度、瓦斯浓度等）收集与分析；④ 矿下工作人员告警与矿上管理中心预警功能。

图 7-33 基于地下可见光通信的矿下通信与人员定位系统

基于地下可见光通信的矿下通信与人员定位系统根据上下行业务不对称特点，下行通信速率为 10 Mbit/s，上行通信速率为 2 Mbit/s，定位精度 3～5 m。该系统采用矿下常规 LED 照明灯作为发射光源，PD 光电二极管作为接收器。整个通信系统基于以太网协议，并采用 OOK 调制解调技术，定位方式为 LED-ID。通过系统中 LED 照明灯和智能头盔之间进行数据传输，该系统在矿下实现了定位和报警功能，且通信质量良好，定位精度满足需求。

2. 坑道巡检与视频传输系统

基于地下可见光通信的坑道巡检与视频传输系统，如图 7-34 所示，坑道巡检与视频传输系统将 VLC 技术、IrDA 技术和光纤通信技术成功结合在一起，通信系统通过服务器组的上位机界面发送信息，信息通过塑料光纤传给 LED 照明灯，LED 照明灯与智能头盔之间同样通过可见光下行通信与红外上行通信进行数据交互。LED 照明灯通过可见光信道发送同步信息（信标帧）及命令、控制、预警信息传输给智能头盔；智能头盔接收到同步信息及 LED 内置 ID 序列号实现自身精准定位，然后，通过红外信道上传定位信息以及坑道巡检视频传输给 LED 照明灯；LED 照明灯接收并处理智能头盔的上行数据后，将相关信息通过塑料光纤传输至管理服务器，并由上位机软件对数据进行分析处理。坑道巡检与视频传输系统可实现的功能为：① 语音指令：服务器下传语音指令的定点、分组与广播发送；② 视频接收：接收头盔上传的高清视频，显示与处理；③ 语音接收：接收头盔上传语音，服务器上播放或者转发；④ 数据接收：接收头盔上传的传感器数据，显示与处理；⑤ 定位接收：接收头盔上传的人员定位信息，显示与处理。

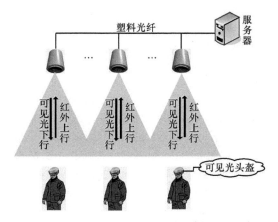

图 7-34　基于地下可见光通信的坑道巡检与视频传输系统

坑道巡检与视频传输系统可见光传输速率可达 100 Mbit/s，收发端通信间距不小于 5 m，支持接入 32 盏 LED，且 LED 光视场角范围为 60°～90°，定位精度精确为 1～2 m，支持告警、语音、视频业务。该通信系统采用宽视角 LED 作为发射光源，大尺寸 APD 作为接收器，便于坑道工作人员移动巡检与视频传输。

| 7.7　小结 |

本章着眼于可见光典型的行业和特定优势应用，描述了其在短距离无线互联、安全支付、位置服务、无缆化通信、地下综合信息服务等场景下的应用。利用可见光的相关典型特征，开展的这些特定行业应用，将会显著地加快可见光通信产业化的步伐。

|参考文献|

[1] 于宏毅. 可见光通信在中国煤矿安全生产行业应用设想[J]. 中国科技产业, 2014, (10): 44-46.

[2] ONG E H, KNECKT J, ALANEN O, et al. IEEE 802.11 ac: enhancements for very high throughput WLANs[C]//IEEE 22nd International Symposium on Personal Indoor and Mobile Radio Communications (PIMRC), September 11-14, 2011, Toronto. Piscataway: IEEE Press, 2011: 849-853.

[3] ITURRALDE D, AZURDIA-MEZA C, KROMMENACKER N, et al. A new location system for an underground mining environment using visible light communications[C]//International Symposium on Communication Systems, Networks & Digital Signal Processing, July 23-25, 2014, Manchester. Piscataway: IEEE Press, 2014: C489-C515.

[4] RUSU S R, HAYES M J D, MARSHALL J A. Localization in large-scale underground environments with RFID[C]//Canadian Conference on Electrical and Computer Engineering, May 8-11, 2011, Niagara Falls. Piscataway: IEEE Press, 2011: 001140-001143.

[5] XU H, LI F, MA Y. A ZigBee-based miner localization system[C]//2012 IEEE 16th International Conference on Computer Supported Cooperative Work in Design (CSCWD), May 23-25, 2012, Wuhan. Piscataway: IEEE Press, 2012: 919-924.

[6] BARKER P, BOUCOUVALAS A C, VITSAS V. Performance modelling of the IrDA infrared wireless communications protocol[J]. International Journal of Communication Systems, 1998, 36(12): 113-117.

[7]　KOMIYAMA T, KOBAYASHI K, WATANABE K, et al. Study of visible light communication system using RGB LED lights[C]//SICE Conference, September 13-18, 2011, Tokyo. Piscataway: IEEE Press, 2011: 1926-1928.

[8]　李美霞. 矩形巷道中可见光传播特性研究[D]. 江苏：江苏大学, 2013.

[9]　王先. 基于 STM32 的室内 LED 可见光通信系统研究[D]. 山东：山东大学, 2014.

[10]　SHINICHIRO H. Visible light communication using sustainable LED lights[C]//5th International Telecommunication Union Kaleidoscope Academic Conference: Building Sustainable, April 22-24, 2013, Kyoto. Piscataway: IEEE Press, 2013.

[11]　O'BRIEN D C, ZENG L, MINH H L, et al. Visible light communications: challenges and possibilities[C]//IEEE 19th International Symposium on Personal, Indoor and Mobile Radio Communications (PIMRC), October 9-13, 2011, Cannes. Piscataway: IEEE Press, 2008: 1-5.

[12]　KOMINE T, NAKAGAWA M. Fundamental analysis for visible-light communication system using LED lights[J]. IEEE Transactions on Consumer Electronics, 2004, 50(1): 100-107.

[13]　赵俊. 基于白光 LED 阵列光源的可见光通信系统研究[D]. 广州：暨南大学, 2009.

[14]　MUTHU S, SCHURMANS F. Average light sensing for PWM control of RGB LED based white light luminaries: 6596977 B2[P]. 2003.

[15]　WANG Y, CHI N, WANG Y, et al. Network architecture of a High-Speed Visible Light Communication Local Area Network[J]. Photonics Technology Letters, 2015, 27(2): 197-200.

[16]　GROBE L, PARASKEVOPOULOS A, HILT J, et al. High-speed visible light communication systems[J]. IEEE Communications Magazine, 2013, 51(12): 60-66.

[17]　PREMACHANDRA H C N, YENDO T, TEHRANI M P, et al. High-speed-camera image processing based LED traffic light detection for road-to-vehicle visible light communication[C]//Intelligent Vehicles Symposium (IV), June 21-24, 2010, San Diego. Piscataway: IEEE Press, 2010: 793-798.

[18]　沈芮, 张剑. 基于可见光通信的室内定位方法[J]. 信息工程大学学报, 2014, 15(1): 41-45.

[19]　SAMMARCO J J, LUTZ T. Visual performance for incandescent and solid-state cap lamps in an underground mining environment[C]// Conference Record-IAS Meeting, September 23-27, 2007, New Orleans. Piscataway: IEEE Press, 2007: 2090-2095.

[20]　STATHAM C D J. Underground lighting in coal mines[J]. Power Engineering, 1956, 103(10): 396-409.

[21]　KATAYAMA M, YAMAZATO T, OKADA H. A mathematical model of noise in narrowband power line communication systems[J]. IEEE Journal on Selected Areas in Communications, 2006, 24(7): 1267-1276.

[22]　MLYNEK P, MISUREC J, KOUTNY M. Random channel generator for indoor power line communication[J]. Measurement Science Review, 2013, 13(4): 206-213.

[23]　BARRY J R. Wireless infrared communications[J]. Proceedings of the IEEE, 2009, 85(2): 265-298.

[24] YOSHINO M, HARAMAU S, NAKAGAWA M. High-accuracy positioning system using visible LED lights and image sensor[C]//Radio and Wireless Symposium, January 22-24, 2008, Orlando. Piscataway: IEEE Press, 2008: 439-442.

[25] RAHMAN M S, HAQUE M M, KIM K D. Indoor positioning by LED visible light communication and image sensors[J].International Journal of Electrical and Computer Engineering (IJECE), 2011, 1(2): 161-170.

中英文对照表

缩略语	英文全称	中文释义
APD	Avalanche Photodiode	雪崩二极管
App	Application Program	应用程序
AWG	Arbitrary Waveform Generator	任意波形发生器
BER	Bit Error Rate	误比特率
BIST	Built-In Self Test	内建自测试
CAP	Careless Amplitude Phase	无载波幅相调制
CCD	Charge-Coupled Device	电荷耦合器件
CDMA	Code Division Multiple Address	码分多址
CDR	Clock and Data Recovery	时钟数据恢复
CML	Current-Mode Logic	电流模式逻辑电路
CMOS	Complementary Metal-Oxide-Semiconductor Transistor	互补金属氧化物半导体
CSI	Channel State Information	信道状态信息
DMA	Direct Memory Access	直接存储器存取
DMT	Discrete Multi-Tone	离散多音
DPC	Dirty Paper Coding	脏纸编码
DSO	Digital Storage Oscilloscope	数字示波器
EMI	Electromagnetic Interference	电磁干扰

（续表）

缩略语	英文全称	中文释义
FDMA	Frequency Division Multiple Access	频分多址
FEC	Forward Error Correction	前向纠错编码
FPGA	Field Programmable Gate Array	现场可编程门阵列
FSO	Free Space Optical Communication	自由空间光通信
GaN	Gallium Nitride	氮化镓
GMAC	Gigabit Media Access Controller	吉比特媒体访问控制器
GMII	Gigabit Medium Independent Interface	吉比特媒体无关接口
GMLUD	Generalized Maximum Likelihood Union Detection	广义最大似然联合检测
IM/DD	Intensity Modulation with Direct Detection	强度调制/直接检测
GPS	Global Position System	全球定位系统
I2C	Inter-Integrated Circuit	集成电路总线
IEEE	Institute of Electrical and Electronic Engineers	美国电气和电子工程师协会
IrDA	Infrared Data Association	红外通信技术
IP	Internet Protocol	互联网协议
IPX	Internet Packet eXchange	互联网分组交换
ISI	Inter-Symbol-Interference	符号间干扰
JEITA	Japan Electronics and Information Technology Industries Association	日本电子信息工业协会
LD	Laser Diode	激光二极管
LDO	Low Dropout Regulator	线性稳压器
LED	Light-Emitting Diode	发光二极管
LIA	Limit-amplitude Amplifier	限幅放大器

（续表）

缩略语	英文全称	中文释义
LVDS	Low-Voltage Differential Signaling	低压差分信号
LVTTL	Low-Voltage Transistor-Transistor Logic	低压晶体管-晶体管逻辑
MAC	Media Access Control	通信协议
MIMO	Multiple-Input Multiple-Output	多输入多输出
MIMO-OOK	Multiple-Input Multiple-Output On-Off Keying	多输入多输出-开关键控
ML	Maximum Likelihood	最大似然
NFC	Near Field Communication	近场通信
OFDM	Orthogonal Frequency Division Multiplexing	正交频分复用
OFDMA	Orthogonal-OFDM	正交频分多址
OMA	Optical Modulation Amplifier	光调制幅度
OOK	On-off Keying	开关键控
OSC	Oscillator	振荡器
OTG	On-The-Go	OTG 技术
PCI	Peripheral Component Interconnect	外设部件互联标准
PCPS	Photon-Counting Pulse Synchronization	光子计数脉冲同步
PD	Photodiode	光敏二极管
PHY	Physical Layer	物理层
PLC	Power Line Communication	电力线通信
PLL	Phase Locking Loop	锁相环
PMD	Physical Medium Dependent	物理介质关联层接口
PMF	Probability Mass Function	概率块函数
PMT	Photomultiplier Tube	光电倍增管
POF	Plastic Optical Fiber	塑料光纤
POR	Power-On Reset	上电复位

（续表）

缩略语	英文全称	中文释义
PPM	Pulse Position Modulation	脉冲位置调制
PRBS	Pseudo-Random Binary Sequence	伪随机二进制序列
PWM	Pulse Width Modulation	脉冲宽度调制
P-LED	Phosphorescent White LED	磷光伪白色型 LED
P2P	Peer to Peer	信息广播和对等通信
QFN	Quad Flat No-lead Package	方形扁平无引脚封装
QoS	Quality of Service	服务质量
RF	Radio Frequency	无线射频
RFI	Radio Frequency Interference	射频干扰
RGB	Red Green Blue	红绿蓝
RGBY	Red Green Blue Yellow	红绿蓝黄
RS	Reed-Solomon	里所编码
RSSI	Receive Signal Strength Indicator	接收信号强度指示器
SPAD	Single Photon Avalanche Diode	单光子雪崩二极管
SPI	Serial Peripheral Interface	串行外设接口
SPX	Sequenced Packet Exchange	序列分组交换
SISIO	Single-input Single-output	单输入单输出
TCP	Transmission Control Protocol	传输控制协议
TDMA	Time Division Multiple Address	时分多址
TIA	Trans-Impedance Amplifier	跨阻放大器
UFSOOK	Undersampled Frequency Shift OOK	下采样频移开关键控
USB	Universal Serial Bus	通用串行总线
UVLC	Underwater Visible Light Communication	水下可见光通信
UWB	Ultra Wide Band	超宽带

（续表）

缩略语	英文全称	中文释义
VLAN	Visible Local Area Network	可见光局域网
VR	Virtual Reality	虚拟现实
WDM	Wavelength Division Multiplex	波分复用
Wi-Fi	Wireless Fidelity	无线保真技术
ZF	Zero-Forcing	迫零算法

名词索引